Anne M. Schüller
Come back!

Anne M. Schüller

Come back!

Wie Sie verlorene Kunden zurückgewinnen

orell füssli Verlag AG

© 2007 Orell Füssli Verlag AG, Zürich
www.ofv.ch
Alle Rechte vorbehalten

Umschlagabbildung: Lew Robertson/Corbis
Umschlaggestaltung: Andreas Zollinger, Zürich
Foto Anne M. Schüller: Reinald Wolf
Druck: fgb • freiburger graphische betriebe, Freiburg i. Brsg.
Printed in Germany

ISBN: 978-3-280-05242-6

Bibliografische Information der Deutschen Bibliothek:
Die Deutsche Bibliothek verzeichnet diese Publikation in der Deutschen
Nationalbibliografie; detaillierte bibliografische Daten sind im
Internet über http://dnb.d-nb.de abrufbar.

Inhaltsverzeichnis

1. Basics

Würden Sie einen 500-Euro-Schein liegen lassen, wenn Sie merken, der ist Ihnen aus der Tasche gefallen? Und würden Sie hoffen, den gleichen Betrag wenig später irgendwo am Boden wieder zu finden? Absurd? Genau so verhalten sich viele Unternehmen, wenn ihnen Kunden abhanden kommen.

Kundenverluste werden, wenn überhaupt registriert, meist tabuisiert oder als Bagatellschaden abgetan. Ein Computer fehlt beim Inventar: großes Trara! Ein Kunde – und damit ein Vielfaches an Wert – fehlt am Ende des Jahres: Schulterzucken! Da kann man nichts machen, passiert halt, suchen wir uns eben Neue!

Verlorene Kunden sind vergessene Kunden. Höchstens punktuell kümmert man sich mal um sie. Einige wenige Unternehmen mit riesigen Kundenbeständen sind bereits bestens organisiert. Erschreckend viele Manager haben jedoch noch keinen einzigen Gedanken daran verschwendet, verlorene Kunden auf *systematische* Weise zurückzugewinnen und ein *professionelles* Kundenrückgewinnungsmanagement aufzubauen. Dabei verlieren manche Unternehmen heute bereits 20 bis 30 Prozent ihrer Kunden jährlich.

In Ihrem Ex-Kundenkreis schlummert ein beträchtliches Ertragspotenzial. Es ist nicht nur kostengünstiger, sondern häufig auch leichter, abgesprungene Kunden zurückzuholen, als Neukunden zu gewinnen. Erstere kennen Sie, Ihre Produkte und Services ja schon. Und oft waren es nur Kleinigkeiten, die für Verärgerung und Missstimmung gesorgt haben. Viele ehemalige Kunden wären demnach bereit, Ihnen eine zweite Chance zu geben, würde man sie nur gebührend darum bitten, etwaige Probleme aus der Welt schaffen – und ihnen das Wiederkommen ein wenig versüßen.

Kundenrückgewinnung ist kein Glücksspiel, sondern erfordert ein strukturiertes Vorgehen. Dabei gilt es, eine Liste der verlorenen Kunden zu erstellen, die Gründe für deren Abwandern zu ermitteln und wirksame Rückhol-Strategien zu entwickeln. Hierbei sind folgende Fragen hilfreich:

- Wie lang ist bei uns die durchschnittliche Dauer einer Kundenbeziehung?
- Wie hoch ist unsere Kundenfluktuationsrate? Und im Vergleich zum Wettbewerb?
- Welchen Wert verlieren wir mit jedem abgesprungenen Kunden?
- Welche unserer Kunden sind abwanderungsgefährdet? Wie erkennen wir etwaige Warnsignale? Und wie können wir rechtzeitig reagieren?
- Welche «schlafenden» Kunden können wir wieder beleben?
- Wie reagieren wir im Fall einer Kündigung?
- Welche Kunden haben wir bereits verloren – und warum?
- Welche verlorenen Kunden können wir wie zurückholen?
- Welche Kunden wollen wir nicht wieder zurück?

Und vor allem:
- Wie können wir in Zukunft Kundenverluste vermeiden?

Doch langsam. Vor der Umsetzung steht der Plan. Vor allem die Macher unter den Managern verfallen ja allzu gerne in einen wilden Aktionismus, wenn sie einem Problem auf die Spur gekommen sind.

Machen Sie es besser! Zum Beispiel so wie ein Arzt. Bevor der Ihnen die nötigen Medikamente verschreibt, wird er eine Anamnese erstellen, also die Umstände und Hintergründe klären, die zu Ihrem Leiden geführt haben. Und dazu nimmt sich ein guter Arzt auch heute noch richtig viel Zeit. Auf Basis der gewonnenen Erkenntnisse wird er dann seine Diagnose stellen und überlegen, welche Therapie Sie am schnellsten wieder gesund macht. Und er wird sich mit Ihnen gemeinsam Gedanken machen, wie Sie zukünftig gesund bleiben. Der beste Plan heißt: Prophylaxe.

Sehr ähnlich wollen wir in diesem Buch vorgehen. Dabei stehen die praxisorientierten Aspekte des Kundenrückgewinnungsmanagements im Vordergrund. Wer an empirischen Untersuchungen und wissenschaftlichen Ausarbeitungen interessiert ist, findet entsprechende Publikationen im Literaturverzeichnis.

1.1. Die 3 Säulen des Kundenmanagements

Unternehmen können auf drei Arten Umsatz generieren, und zwar:

- durch loyale Kunden, also solche, die dem Unternehmen und seinen Leistungen emotional verbunden sind, die deshalb gerne immer wieder kaufen und zu aktiven Empfehlern werden

>>> *das ist die ergiebigste Art*

- durch neue Kunden, die zum ersten Mal bei einem Unternehmen kaufen

>>> *das ist die aufwändigste und kostenintensivste Art*

- durch abgesprungene, also ehemalige Kunden, die zurückgewonnen werden können

>>> *das ist die am wenigsten beachtete Art*

Die Neukunden-Gewinnung ist in vielen Branchen heute völlig ausgereizt. Die Märkte sind gesättigt. Erstnutzer werden immer seltener. Das Wachsen geht nur noch zu Lasten des Wettbewerbs. Also macht man sich an die Kunden der Konkurrenz heran. Doch das Abjagen von Kunden funktioniert, wenn man dem Rabattgeschrei der Unternehmen lauscht, anscheinend fast nur noch über den Preis. Dies führt zu einer Margen-Situation, die kurzfristiges Neugeschäft kaum noch rentabel macht.

Demzufolge haben viele Unternehmen inzwischen die Vorzüge der Bestandskundenpflege entdeckt. Bestandskunden bieten ein oft immer noch unterschätztes, sehr ergiebiges und kostengünstig zu bearbeitendes Feld. Gerade dort, wo die Anlaufkosten der Neukunden-Gewinnung hoch sind, ist der Ausbau eines profitablen Stammkundengeschäfts – gekoppelt mit einem systematischen Empfehlungsmarketing – höchst erstrebenswert.

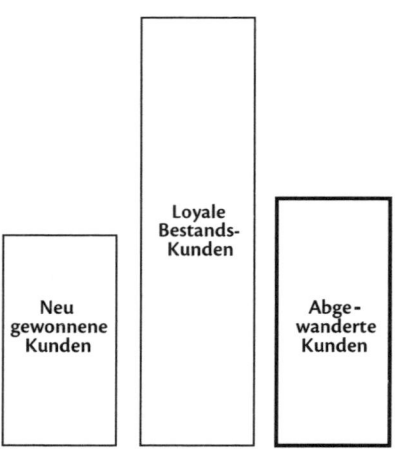

Abb. 1: Die drei Säulen des Kundenmanagements. In vielen Unternehmen konzentrieren sich die Aktivitäten auf die beiden ersten Säulen. Abgewanderte Kunden sind oft vergessene Kunden.

Doch auch die Bestandskundenpflege wird zunehmend beschwerlich. Kunden sind informierter, gewiefter und auch aggressiver geworden – und eigentlich nie so richtig zufrieden. Die Anforderungen werden immer höher geschraubt, die Preissensibilität steigt. Klassische Kundenbindungsstrategien funktionieren nicht mehr. Die Wechselbereitschaft ist sozial akzeptiert. Und sie steigt dramatisch. Die Illoyalen sind auf dem Vormarsch.

Da bleibt also nur noch die dritte Säule im Kundenbeziehungs-management: der verlorene Kundenbestand – ein noch weitestge-hend unentdecktes Potenzial mit gewaltigen Ertrags-Chancen. Die professionelle Kundenrückgewinnung wird somit stärker in den Brennpunkt rücken. Sie kann sich zu einem zentralen Wettbe-werbsvorteil entwickeln. Wer öfter als ein einziges Mal Geschäfte mit Kunden macht, für den lohnt es sich immer, Zeit und Geld in die Kundenreaktivierung zu investieren. In vielen Punkten ist sie der Neukunden-Akquise deutlich überlegen.

So fand die Managementberatung The Consulting Company (TCC) im Rahmen einer Studie heraus, dass die Kostenrelation zwischen Rück- und Neugewinnung bei etwa 1:3 bis 1:4 liegt. Un-tersuchungen und Praxisberichte zeigen immer wieder,

- dass die Abschlussquote beim Reaktivieren ehemaliger Kunden oft höher ist als im Neugeschäft;
- dass vergleichsweise weniger Kosten anfallen, wenn verlorene Kunden zurückgewonnen werden, statt neue zu akquirieren;
- dass die Rentabilität zurückgewonnener Kunden oft höher ist als die neuer Kunden;
- dass die Loyalität zurückgewonnener Kunden oft höher ist als die der neuen Kunden.

Wenn das nicht gute Gründe sind! Beim Durchrechnen der Ergebnisse einer erfolgreich durchgeführten Kundenrückgewin-nungsaktion können sogar Controller ins Schwärmen geraten.

1.2. Der Prozess des Kundenrückgewinnungsmanagements

Zunächst der guten Ordnung halber eine Definition des Kundenrückgewinnungsmanagements (nach Bernd Stauss):

> Rückgewinnungsmanagement umfasst die Planung, Durchführung und Kontrolle aller Maßnahmen, die das Unternehmen mit dem Zweck ergreift, Kunden, die eine Geschäftsbeziehung kündigen, zu halten bzw. Kunden, die die Geschäftsbeziehung bereits abgebrochen haben, zurückzugewinnen.

Das Kundenrückgewinnungsmanagement beginnt dort, wo alle Loyalisierungsmaßnahmen erfolglos blieben, wenn also der Kunde die Geschäftsbeziehung offiziell beendet bzw. das Unternehmen stillschweigend verlassen hat. Demnach ergeben sich zwei Aspekte:

- das Kündigungsmanagement mit dem Ziel des Abwehrens bzw. der Rücknahme von Kündigungen
- das Revitalisierungsmanagement mit dem Ziel der Wiederaufnahme der abgebrochenen bzw. eingeschlafenen Geschäftsbeziehung

Nun geht es darum, zu erkennen, wer aus welchen Gründen abgewandert ist und wen man wie zurückholen will, um es im zweiten Anlauf besser zu machen. Der Prozess des Rückgewinnungsmanagements lässt sich somit in fünf Schritten darstellen:

1. Identifizierung der verlorenen bzw. «schlafenden» Kunden
2. Analyse der Verlustursachen
3. Planung und Umsetzung von Rückgewinnungsmaßnahmen
4. Erfolgskontrolle und Optimierung
5. Prävention

Abb. 2: Der Prozess des Kundenrückgewinnungsmanagements. Die Erfolgskontrolle der durchgeführten Maßnahmen ergibt Optimierungsaktivitäten in den vorangegangenen Schritten. Alle Erkenntnisse aus diesem Prozess führen zu präventiven Maßnahmen, um zukünftige Kundenabwanderungen zu minimieren.

In den folgenden Kapiteln werden wir uns mit den einzelnen Schritten ausführlich beschäftigen. Alle Maßnahmen zielen letztlich auf den fünften Schritt: die Prävention von Kundenverlusten. Denn noch besser als verlorene Kunden zu reaktivieren ist es, erst gar keine zu verlieren.

Je länger ein Unternehmen einen rentablen Kunden hält, umso mehr Gewinn kann es durch ihn erzielen. Oberstes Ziel sollte es daher sein, möglichst keinen einzigen profitablen Kunden zu verlieren, den man behalten will. Hohe Kundenloyalität und niedrige Abwanderungsraten sichern den dauerhaften Geschäftserfolg. Das Kundenrückgewinnungsmanagement ist ein äußerst wirkungsvoller Baustein auf dem Weg zu diesem Ziel.

Jede Branche ist anders. Es gibt Unternehmen mit Massengeschäft und andere mit wenigen handverlesenen Kunden. Geschäftskunden wollen anders angesprochen werden als Privatpersonen. Deshalb: So wie der Arzt eine Fülle von Behandlungsmethoden und Medikamenten kennen muss, so benötigen die mit dem Rückgewinnungsmanagement betrauten Mitarbeiter eine Vielzahl von Vorgehensweisen, Techniken und Tools, um sich ganz individuell auf ihre Come-back-Kunden einzustellen.

Vor allem aber müssen sie Menschenversteher sein. Also werden wir uns eingehend mit der Abwanderungs- und Wiedergewinnungspsychologie beschäftigen und die zwischenmenschlichen

Aspekte ausführlich beleuchten. Dazu werden wir auch die neuesten Erkenntnisse der Hirnforschung mit einbeziehen, um zu ergründen, was wie und warum funktioniert. Denn das erfolgreiche Wiedergewinnen verlorener Kunden ist eine delikate Angelegenheit. Es erfordert nicht nur Wissen und Können, sondern auch Fingerspitzengefühl. Und eine dicke Portion Mut.

1.2.1. Auf immer und ewig?

Sehen wir der Wahrheit ins Auge: Wer ist heute noch auf Lebzeiten treu? Jahrzehntelange gute Beziehungen sind zu einer bestaunenswerten Rarität geworden. Tagesabschnittsbegleiter liegen im Trend. Der lebenslange Arbeitsplatz ist ausgestorben. Für Berufseinsteiger ist es heute selbstverständlich, alle paar Jahre den Job zu wechseln. Das Heer der «fest-freien» Mitarbeiter wächst.

Verbraucher haben die Qual der Wahl. Dank E-Bay wird kräftig entrümpelt, um Platz für Neues zu schaffen. Und seitdem alles Kaufenswerte per Internet in Windeseile durchschaubar ist, wird der Wunsch nach Abwechslung immer größer. Dem ewigen Locken des Neuen erliegt man nur allzu gern. Es ist nichts Ungewöhnliches mehr, regelmäßig den Lieferanten zu wechseln. Selbst durch und durch zufriedene Kunden ziehen einfach von dannen. Denn das Risiko von Fehlkäufen ist – dank hoher Qualitätsstandards und großer Markttransparenz – heute gering.

Unternehmen werden also zukünftig noch verstärkt Kunden verlieren. Wer allerdings immer nur auf Neukunden schielt und seine Verkäufer für Eroberungen bezahlt, geht diese Entwicklung auf strategisch falsche Weise an. Bei solchen Beutezügen handelt es sich ja meist um die Kunden der Konkurrenz – und der Kampf um sie verursacht auch eigene Wunden: Schmerzhafte Preiszugeständnisse und Konditionen-Geschacher treiben ganze Branchen an den Rand des Ruins.

Wer so an vorderster Front zugange ist und alle verfügbaren

Waffen ins Schlachtfeld wirft, vergisst womöglich den Blick zurück. Da wird nämlich schon kräftig am eigenen Kundenstamm gesägt. Während die einen noch die Untreue ihrer Kunden beklagen, tun die anderen alles, um das Überlaufen der Wechselbereiten zu begünstigen. Ihren Mitbewerbern geht es übrigens genauso. Während die vorne bei Ihnen baggern, brechen ihnen hinten die Kunden weg.

Solches Wettrüsten ist im zunehmend schärferen Wettbewerb für alle Seiten aufwändig und nagend – und wird dennoch wieder und wieder gespielt. Es mutet an wie ein riesiger Verschiebebahnhof und ist in Wahrheit ein Werte-Vernichtungsspiel. Der Einzige, der davon profitiert, ist der Kunde. Denn für ihn wird es dabei immer billiger. Und das weiß er gut und gerne auszunutzen.

1.2.2. Jäger nach dem verlorenen Schatz

In stagnierenden Märkten verlieren Unternehmen im Schnitt genauso viele Kunden, wie sie hinzugewinnen. Nun gibt es Hunderte von Büchern, die sich mit der Neukunden-Akquise beschäftigen. Es gibt Tausende von Agenturen, die hiermit ihr Geld verdienen. Und Milliarden von Werbegeldern werden dafür investiert. Zum Thema Rückgewinnung gibt es so gut wie nichts.

Das Kundenjagen steht höher im Kurs. Warum das so ist? Mit neuen Kunden kann man sich prächtig schmücken. Mit dickem Neugeschäft lässt sich in der Presse prima prahlen. Über errungene Marktanteile kann man stolz im Jahresbericht schwadronieren. Ach übrigens: Unternehmen anstatt Kunden zu jagen ist nur eine neue Variante des gleichen Spiels. Fusionen sind oft nichts anderes als Plünderungen auf dem Schlachtfeld der Wirtschaft. Testosteron-gesteuerte Alphatierchen tragen eben am liebsten Sieger-Trophäen nach Hause.

Über verlorene Kunden schweigt man sich dagegen besser aus. Verlorene Kunden sind die ungeliebten Kinder des Verkaufs. Denn sie haben unangenehme Wahrheiten parat. Sie führen uns Niederlagen und persönliches Versagen vor Augen. Sie können der Karriereplanung im Weg stehen. Oder einen Schatten auf die eigene Herrlichkeit werfen. Vor allem aber: Den Abtrünnigen nachzulaufen hat einen entwürdigenden Beigeschmack. Für Siegertypen ist das nichts.

Der gleiche Verkäufer, der sich für einen mittelmäßig Erfolg versprechenden Neukunden mächtig ins Zeug legt, lässt einen ehemals hoch profitablen Kunden ziehen, ohne auch nur einen Finger krumm zu machen. «So ist das nun mal im Business. Wo gehobelt wird, fallen auch Späne. Und Reisende soll man nicht aufhalten», heißt es nur lapidar. Oder es werden alle möglichen scheinbar plausibel klingenden Gründe angeführt, weshalb sich das Nachlaufen nicht lohnt: Besagter Kunde war ja sowieso nicht lukrativ, er war ein Ekelpaket, er hat den Innendienst tyrannisiert, kaufte nur die Verlustbringer, verlangte immer das Unmögliche, reklamierte ständig. Wie gut, dass er weg ist. – Aha!

Oder schlimmer noch: Der Abtrünnige wird dank unkluger Incentive-Programme erst dann wieder kontaktiert, wenn er als Neukunde gilt. Warum werden also immer noch so viele Außendienstler nach Neuumsatz bezahlt? Warum belohnt man sie nicht für dauerhafte, profitable, empfehlungsstarke Kundenbeziehungen und hohe Rentabilität? Das Kommen und Gehen der Kunden wie in einem Taubenschlag verursacht gewaltige Schäden! Verkäufer interessiert das allerdings herzlich wenig, wenn gerade mal wieder Neugeschäft bonifiziert wird!

Wie wäre es, wenn Sie stattdessen einmal das Vermeiden von Kundenverlusten oder die Rückgewinnung *profitabler* Kunden incentivieren? Die meisten abgewanderten Kunden sind es wert, zurückgeholt zu werden. Und das ist gar nicht so schwer, wie wir noch sehen werden. Also: Werden Sie zum Jäger nach dem verlorenen Schatz!

1.3. Die Bedeutung des Kundenrückgewinnungs- managements

Hohe Fluktuationsraten haben einen verheerenden Einfluss auf die wirtschaftliche Stabilität eines Unternehmens. Wenn zudem noch die ertragreichsten Kunden wegbrechen, ist das Ende nah. Das Wiedergewinnen verlorener Kunden, im Englischen als Customer Recovery bezeichnet, ist demgegenüber eine ergiebige Quelle zusätzlicher Erträge.

Die Richtigen – also profitable und rückholbare Kunden – zu reaktivieren hat eine ganze Reihe von Vorteilen:

Ertragsvorteile: Das Abwandern von Kunden ist ein zweifacher ökonomischer Verlust, denn es gehen nicht nur Umsätze verloren. Wegbrechende Kunden erhöhen auch die Kosten für die Neuakquise. So hat Christa Sauerbrey im Rahmen einer Untersuchung in 17 Unternehmen aus unterschiedlichen Branchen festgestellt, dass bei über 90 Prozent der Fälle die Kosten der Kundenneugewinnung mehr als doppelt so hoch waren als die für die Kundenrückgewinnung. Weil die Kundenreaktivierung also vergleichsweise günstiger ist, werden Vertriebsaufwendungen und Werbebudget eines Unternehmens geschont. Daneben steigt vielfach im zweiten Anlauf auch der Umsatz, und der zurückgewonnene Kunde bleibt dem Unternehmen dieses Mal länger treu. So verbessert sich die Ertragsstruktur des Kundenstammes und damit letztlich auch der Unternehmenswert.

Loyalitätsvorteile: Die «Restloyalität» aus der ersten Geschäftsbeziehung kann genutzt werden, um eine Reloyalisierung einzuleiten, also eine «zweite Loyalität» aufzubauen. Werden zurückgewonnene Kunden besonders fürsorglich behandelt, lässt sich in ihrem «zweiten Leben» beim Unternehmen oftmals ein höherer Kundenwert erzielen als beim ersten Mal. Denn die emotionale Verbundenheit und damit auch die Kaufbereitschaft eines Kunden steigen vielfach, wenn sich das Unternehmen kooperativ mit seinem Fall beschäftigt, wenn es sich für Unachtsamkeiten entschuldigt und etwaige Mängel umgehend beseitigt.

Imagevorteile: Wer sich um seine abgewanderten Kunden kümmert, wird negative Mund-zu-Mund-Werbung eindämmen. Denn wer einem Unternehmen den Rücken kehrt, redet über die Ausschlag gebenden Gründe meist erbost mit vielen Menschen – und bringt diese bisweilen dazu, das Unternehmen ebenfalls zu verlassen. Andererseits beginnt der, der zurückkehrt, mit positiver Mundpropaganda. Denn er muss sich selbst und der Welt ja glaubhaft erklären, weshalb er seine Meinung so offensichtlich geändert hat.

Konkurrenzvorteile: Wer ein aktives Rückgewinnungsmanagement betreibt, erfährt eine Menge Interna über den Wettbewerb. Kunden, auch wenn sie nicht zurückzuholen sind, können erzählen, aus welchen Gründen es ihnen dort besser gefällt. Und zurückgekehrte Kunden schildern, wenn sie klug befragt werden, in allen Einzelheiten, wie es beim lieben Mitbewerber zuging. All dies lässt sich nicht nur in der Neukunden-Akquise, sondern möglicherweise auch bei der Aktualisierung der eigenen Geschäftspolitik sowie bei zukünftigen Rückgewinnungsaktionen prima nutzen.

Wissensvorteile: Misserfolge sind gute Lehrmeister. Und Rückkehrer sind kostenlose Unternehmensberater. Sie sind meist gesprächsbereit und werden ihre Wechselmotive mehr oder weniger offen darlegen. Im Unterschied zu klassischen Kundenzufriedenheitsbefragungen gehen gut gemachte Rückgewinnungsinterviews dabei meist stärker in die Tiefe, um den «wahren» Gründen für die Beendigung einer Geschäftsbeziehung auf die Spur zu kommen. Hierdurch kann man eine Menge lernen – wenn man diese mitunter nicht ganz schmerzfreien Lektionen lernen will. Dem Unternehmen bietet sich hierdurch die Chance, Fehlerkosten zu senken und seine Leistungen nicht nur für diesen, sondern auch für alle anderen Kunden zu optimieren. Reklamationen und Abwanderungen können so in Zukunft reduziert werden.

Hoffentlich jedenfalls. Denn noch allzu oft versickern die wertvollen Informationen, die der Vertrieb bei Gesprächen mit Abtrünnigen zusammengetragen hat, in langen Berichten, in dicken Akten und vollen Datenbanken. Leider gelangen sie nicht immer dorthin, wo sie Gutes bewirken könnten: im Kundendienst, in der Produktion, im Marketing, im Einkauf sowie in Forschung und Entwicklung.

Genau darin liegt die einzige Gefahr, die im Rückgewinnungsmanagement lauert: durch unprofessionelles Vorgehen die Kunden nun endgültig und auf immer und ewig zu vergraulen. Damit das nicht geschieht: Setzen wir uns adäquate Ziele und machen uns dann auf den Weg.

1.4. Die Ziele des Kundenrückgewinnungsmanagements

Oberstes Ziel des Kundenrückgewinnungsmanagements ist es, ein Maximum an profitablen verlorenen Kunden zurückzugewinnen. Dieses Oberziel lässt sich weiter spezifizieren:

- Die Kundenfluktuation soll dauerhaft eingedämmt werden.
- Das Niveau zukünftiger Erträge soll gesichert bzw. ausgebaut werden.
- Hohe Neuakquise-Kosten zum Ersatz der verlorenen Kunden sollen vermieden werden.
- Das Image als kundenfokussiertes Unternehmen am Markt soll gefestigt werden.
- Negative Mundpropaganda soll eingedämmt werden.
- Die dem Abwandern zugrunde liegenden Mängel sollen behoben und hieraus entstehende Fehlerkosten zukünftig reduziert werden.
- Das Leistungsangebot soll verbessert und kundenfreundlicher gestaltet werden.

- (Potenzielle) Kündiger sollen erst gar nicht abwandern.
- Die Prävention von Kundenverlusten soll verbessert werden.
- Eine gute Basis für die «2. Loyalität» rentabler Kunden soll gelegt werden.

Wer ein klares Ziel vor Augen hat, ein zähes Durchhaltevermögen zeigt und ein hohes Maß an Flexibilität mitbringt, ist in der Kündiger-Rückgewinnung auch dann noch erfolgreich, wenn es um ihn herum kriselt und kracht. «Wer den Hafen nicht kennt, in den er segeln will, für den ist kein Wind ein günstiger», hat treffend der römische Philosoph Seneca schon gesagt. Konkrete Ziele erlauben eine detaillierte Planung, eine fokussierte Umsetzung und eine wirkungsvolle Kontrolle. Sie geben den involvierten Mitarbeitern Klarheit und Sicherheit. Und sie schaffen Vorfreude auf das Ergebnis.

Als Zielinhalte kommen quantitative Ziele (Zahlen, Daten, Fakten) und qualitative Ziele (serviceorientierte, zwischenmenschliche, ethische ...) in Frage. Die Zeitachse definiert längerfristig-strategische Ziele (auf etwa drei Jahre), die wiederum in kurzfristig-operative Ziele (auf ein Jahr, ein Quartal etc.) unterteilt werden.

1.4.1. Wie Ziele formuliert werden

Zur Formulierung wirkungsvoller Ziele ist folgende Checkliste hilfreich:

Optimistisch sein: Gehen Sie optimistisch an Ihren Zielfindungsprozess heran. Die Zukunft ist voller Erfolgschancen! Ein Ziel soll begehrenswert sein, damit es lohnend ist, sich dafür ins Zeug zu legen.

Schriftlich notieren: Formulieren Sie Ihre Ziele immer schriftlich. Diese bekommen damit etwas Fassbares, so, als wollten sie zum Leben erweckt werden. Deponieren Sie das Schriftstück an einem wichtigen Ort – wenn Sie mögen, verbunden mit einem kleinen «Viel-Glück-Ritual». Lesen Sie Ihr Ziel-Papier immer wieder, am besten laut.

Als Zielfoto formulieren: Formulieren Sie Ihre Ziele als Zielfoto, also als bereits realisierten Zustand, zum Beispiel so: «Am 31.12.2007 haben wir x verlorene profitable Kunden zurückgewonnen.» Quantitative, also mit konkreten Zahlen verbundene Ziele (Ergebnisse/Termine), machen diese messbar und damit steuerfähig.

Auf die Wortwahl achten: Formulieren Sie Ihre Ziele verständlich, konkret und präzise in der Ich- oder Wir-Form. Wählen Sie Ihre Worte sorgfältig. Verwenden Sie nur positive Worte. Meiden Sie Worte wie: keine, nicht mehr, nur usw. Begriffe prägen Denkweisen – und damit Verhalten! Hüten Sie sich vor Konjunktiven wie «könnte» oder «sollte» sowie vor «Weichmachern» wie: möglichst, teilweise, eigentlich, ungefähr usw. Solche Worte behindern den Glauben an das Machbare.

Realistisch bleiben: Setzen Sie Ihre Ziele ambitiös, aber erreichbar. Ein Hochspringer, der zwei Meter packt, für den sind zwei Meter fünf eine Herausforderung, zwei Meter fünfzig dagegen Utopie. Andererseits: Bequeme Ziele motivieren nicht – sie machen nur faul.

Weniger ist mehr: Wenige große Ziele sind besser zu packen als viele kleine. Setzen Sie Prioritäten. Und wählen Sie mindestens ein Ziel, das schnelle Erfolge verspricht. «Quick-Wins» spornen an!

Über Hindernisse nachdenken: Überlegen Sie, was Sie daran hindern könnte, Ihre Ziele zu erreichen. Hindernisse von außen, die später als «Sündenböcke» herhalten müssen, sind unakzeptabel. Halten Sie einen Plan B (= Besser-als-erwartet-Szenario) und einen Plan S (= Schlechter-als-erwartet-Szenario) parat, damit Sie im Fall des Falles schnell reagieren können.

Mitarbeiter involvieren: Beziehen Sie Ihre Mitarbeiter in die Zielfindung und vor allem in die anschließende Maßnahmenplanung mit ein. Nur woran sie selbst Anteil hatten, werden Mitarbeiter unternehmerisch mittragen und aktiv unterstützen. Die bloße Kommunikation bereits festgelegter Ziele reicht nicht. Wer arbeitet schon gern nach fremden Vorgaben?

Die Umsetzung planen: Planen Sie die Umsetzung Schritt für Schritt in konkreten Zeitabschnitten. Beginnen Sie zügig und mit großer Entschlossenheit. Der erste Schritt ist bekanntlich der schwerste, denn hierbei muss die Komfortzone verlassen werden. «Der Anfang ist schon die Hälfte des Wegs», sagte dazu der chinesische Religionsstifter Konfuzius.

Über Ziele reden: Sprechen Sie ständig mit anderen über Ihre Ziele. So machen Sie sich selbst etwas Druck und erreichen diese oft eher, als erwartet.

Visualisieren: Lassen Sie vor Ihrem inneren Auge einen Film ablaufen. Der Titel lautet beispielsweise: Heute in einem Jahr. Malen Sie diesen Film groß, spannend und bunt. Sehen Sie sich Ihre Zukunft im Geiste regelmäßig an! Teilen Sie diese «Vision» mit Ihren Mitarbeitern und Freunden.

Lob aussprechen: Sprechen Sie allen, die zur Zielerreichung beitragen, Anerkennung und Wertschätzung aus, sobald Zwischenziele erreicht wurden. Verknüpfen Sie ein Zwischenlob immer mit dem Ausblick auf das Endziel.

Erfolge feiern: Legen Sie eine Belohnung bei Zielerreichung fest und gönnen Sie sich diese dann auch. Unser Gehirn liebt Belohnungen und verknüpft sie mit der Motivation, immer höhere Ziele zu meistern. Also: Feiern Sie Ihre Fortschritte. Unser Hirn liebt das Happy End.

1.4.2. Strategische Ziele in operative verwandeln

Die nun definierten strategischen Ziele sind im Verlauf des Rückgewinnungsprozesses zu operationalisieren und zu konkretisieren. Ziele sollen «oben» angedacht werden, sie sollten aber nicht von «oben» vorgegeben werden. Wirkungsvoller ist es, sie gemeinsam mit den Mitarbeitern zu erarbeiten. Gerade die delikate und manchmal auch frustrierende Aufgabe, mit abtrünnigen Kunden zu sprechen, erfordert die volle Identifikation mit dem dazugehörigen Plan. Dies wird am ehesten erreicht, wenn die Mitarbeiter nicht nur die Umsetzer sind, sondern auch die Ziele und den Weg dahin eigenständig erarbeiten.

Je nach Situation hören sich operative Ziele in etwa wie folgt an:

- An Ende der Aktion haben wir 1000 verlorene profitable Kunden angesprochen.
- Die Konvertierungsrate beträgt mindestens 50 Prozent.
- Mindestens 40 Prozent davon haben wir ohne Inanspruchnahme des Come-back-Angebots zurückgewonnen.

Dass diese Zahlen durchaus realistisch sind, werden wir im weiteren Verlauf des Buchs sehen.

1.5. Die Erfolgsfaktoren im Rückgewinnungsmanagement

Es braucht eine Menge, um Rückgewinnungsprogramme erfolgreich zu machen. Die sieben wichtigsten Erfolgsfaktoren sind:
- ein kundenfokussiertes Management
- engagierte Mitarbeiter, die Kunden «lieben»
- die Selektion der «richtigen» Kunden
- ein zielführender Dialog
- emotionale und materielle «Köder»
- ein schnelles Timing
- das Wissen, wie es geht

Schauen wir uns nun im Überblick und später im Buch genauer an, was hinter diesen Punkten steckt.

1.5.1. Das kundenfokussierte Management

Das Kundenrückgewinnungsmanagement ist Chefsache. «Nicht schon wieder», höre ich die überlasteten Manager stöhnen, «jeder, der ein Buch über Management und Marketing schreibt, deklariert seine Sache zur Chefsache.» Stimmt. Die meisten Manager kümmern sich um vieles – aber viel zu wenig um ihre Kunden. Viele von ihnen kennen Kunden nur von Konferenzen und Präsentationen oder aus den Berichtsbänden der Kundenbefragungen. Manche haben noch nie einen Kunden lebend zu Gesicht gekommen.

Dabei beseelt der Begriff der Kundenorientierung bereits seit Anfang der 90er Jahre die Wirtschaft. Kaum ein Geschäftsbericht, der ihn auslässt. In keinem Leitbild darf er fehlen. In den Sonntagsreden der Manager wird er recht gerne strapaziert. Doch allen Willenserklärungen zum Trotz: Shareholder-Value- und Kosten-Denke, Produktverliebtheit und Selbstzentriertheit regieren die Führungsetagen. Man lese nur aufmerksam den Wirtschaftsteil seiner Tageszeitung.

In Orientieren steckt Orient, also der Osten, da, wo die Sonne aufgeht. Viele Manager scheinen allerdings vergessen zu haben, dass die Sonne dort am kräftigsten scheint, wo die Kunden glücklich sind. Womöglich fehlt dem Begriff der Kundenorientierung auch Klarheit und Präzision. Denn Orientierung hat etwas Vages, deutet eher in eine grobe Richtung als auf ein festes Ziel. «Ich muss mich erst mal orientieren», sagen wir, wenn wir nicht so ganz genau wissen, wo wir sind und wo es langgeht.

Verabschieden wir uns also von dem offensichtlich zu vagen Begriff der Kundenorientierung. Reden wir zukünftig über die viel präzisere Kundenfokussierung. Fokus heißt Brennpunkt. Wenn jeder Mitarbeiter im Unternehmen für die Sache des Kunden brennt und darauf seine ganze Aufmerksamkeit lenkt, dann ist der Erfolg zu schaffen.

Die Einzigen, die das Überleben eines Unternehmens auf Dauer sichern, sind die Kunden. Und zwar begeisterte, ja geradezu glückliche, dem Unternehmen durch und durch verbundene treue Immer-wieder-Kunden, die zudem als aktive positive Empfehler das Neugeschäft sichern.

> Management und Marketing, so sage ich, heißt:
> Menschen glücklich machen.

Wer Kundenfokussierung wirklich will, braucht Marketingleute in der Führungsspitze. Denn in Zukunft werden nur solche Unternehmen eine Chance am Markt haben, die sich als Marketing-Company verstehen, die also voll und ganz vom Markt und damit vom Kunden her denken und handeln.

Dazu brauchen *alle* Führungskräfte Kundennähe. Dabei genügt es nicht, die Kunden nur vom Hörensagen zu kennen. Wer wissen will, was Kunden wirklich brauchen, wie sie ticken, wie man sie glücklich machen kann und weshalb sie verloren gehen, der gehe am besten öfter mal raus und spreche mit ihnen! Von Kunden kann man eine Menge lernen.

Grundvoraussetzung für den Erfolg eines Rückgewinnungsprogramms ist also eine kompromisslos kundenfokussierte Einstellung des Managements. Dies müssen alle Führungskräfte für jeden Mitarbeiter deutlich sichtbar vorleben. Denn wie ein Domino-Effekt kaskadiert positives wie negatives Verhalten der Führungsspitze über alle Hierarchie-Stufen nach unten – und schwappt dann zum Kunden rüber. Hat also das Rückgewinnungsmanagement die volle Unterstützung Ihrer Führungsetage? Nur wenn diese ein lebhaftes Interesse an verlorenen und vor allem an wiedergewonnenen Kunden zeigt, dann wird sich jeder im Unternehmen dafür mächtig ins Zeug legen.

1.5.2. Engagierte Mitarbeiter, die Kunden «lieben»

Verlorene Kunden sind unglücklich gemachte Kunden. Man hat ihnen keine Wertschätzung entgegengebracht, in ihnen keine Begeisterung entfacht, man hat sie nicht wirklich verstanden, man hat sie gelangweilt, verärgert oder ganz einfach vergessen. Nun suchen sie ihr Glück bei einem anderen. «Wer seine Kunden mag, dem muss es doch Leid tun, wenn sie sauer sind», so Karl Born, ehemaliges Vorstandsmitglied der TUI.

Jedes Kundenrückgewinnungsprogramm ist nur so gut wie die Mitarbeiter, die dieses umsetzen. Also brauchen wir einfühlsame Mitarbeiter, die überzeugungsstark und frustrationsresistent agieren sowie unternehmerisch denken und handeln. Kurz: Mitarbeiter, die ihre Arbeit *und* die Kunden lieben. Sie entfalten sich am besten in einem fehlerfreundlichen, lernwilligen Umfeld und in einer «lachenden» Unternehmenskultur.

«Lachende» Unternehmen sind kein Schlaraffenland. Sie bieten vielmehr den Mitarbeitern ständig neue Herausforderungen – im Kern ihrer Talente und auf hohem Niveau. Lachende Unternehmen schwingen positiv und verfolgen Gewinner-Strategien. Dort finden sich ein gut gelauntes Miteinander, offene und ehrliche Hin-und-Her-Kommunikation, Respekt und Anerkennung, Vertrauen, Sinn und Flow. In solchen Wohlfühl-Firmen herrscht ein «kollektives Sprudeln», die pulsierende Energie gemeinsamer Begeisterung, ein Treibhausklima für Spitzenleistungen, ein Biotop für gute Ideen.

In «lachenden» Unternehmen sind – und da ist eine Menge Neuro-Psychologie im Spiel – nicht nur die Mitarbeiter, sondern auch die Kunden gern. Lachende Unternehmen verlieren wenig Kunden – und viele kommen geläutert wieder zurück. Ein Comeback, das sich lohnt.

1.5.3. Die Selektion der «richtigen» Kunden

Nicht jeden Kunden wollen Sie zurück. Und nicht jeder Kunde will zu Ihnen zurück. Zu den erfolgskritischen Faktoren gehört daher auch die Vorauswahl solcher Kunden, die rentabel waren bzw. sein werden und zurückholbar sind. Hierzu werden wir später verschiedene Methoden kennen lernen.

Um sich optimal auf die zurückzuholenden Kunden einstellen zu können, braucht es eine funktionstüchtige Datenbank. Die Betonung liegt auf *eine*. Denn Kundenwissen ist in vielen Unternehmen auch heute noch verstreut in verschiedenen Abteilungen, versteckt in vergessenen Aktenschränken, verborgen in untersten Schubladen, in vielen Köpfen und auf vollen Festplatten. Graben Sie es aus, werfen Sie es in *einen* Topf, strukturieren und ordnen Sie es, füllen Sie Lücken auf und ergänzen Sie laufend!

Denn Kundeninformationen sind strategisches Kapital. Wer mehr über seine Kunden weiß als andere, ist im Vorteil. Solch gut gepflegtes (!) Wissen muss im ganzen Unternehmen verfügbar sein, so dass jede Abteilung und alle Mitarbeiter, die von Kunden kontaktiert werden könnten, darauf Zugriff haben und es für ihre Verkaufs- bzw. Rückgewinnungsarbeit nutzen können.

Wo steckt eigentlich bei Ihnen das so besonders wertvolle *emotionale* Wissen über Ihre Kunden? In den Köpfen Ihrer Mitarbeiter oder in Ihren Datenbanken? Verlässt Sie erst das Wissen und dann der Kunde, wenn die Beziehungsmanager, also Ihre Mitarbeiter, mit guten Kundenkontakten irgendwann kündigen? Machen Sie solch «schweigendes» Wissen zu Unternehmenswissen und damit zu Erfolgswissen!

Um dem Rückgewinnungsmanagement dienlich zu sein, sollten bereits bei der Konfigurierung der Datenbank bzw. des CRM-Systems die folgenden Fragen mit einfließen:

- Welche Informationen benötigen wir, um Kunden zurückgewinnen zu können, die womöglich später einmal abwandern?

- Wie kann uns das System rechtzeitig vor absprungbereiten Kunden warnen? Welche Prognosemodelle lassen sich erstellen? Welche Kunden sind besonders gefährdet? Lassen sich Muster und typische Profile potenzieller Abwanderer erarbeiten? Mit welcher Genauigkeit lässt sich das bevorstehende Ende eines Geschäftsverhältnisses vorhersagen?
- Wie kennzeichnen wir Kunden, die wir wieder zurückgewonnen haben? Damit wir in Zukunft besonders sorgfältig mit ihnen umgehen können.
- Welche Controlling-Auswertungen kann uns die Datenbank zur Verfügung stellen?
- Und wie steht es um die Sicherheit dieser sensiblen Daten?

Meine Gespräche mit Anbietern von CRM-Software, um herauszufinden, welche Rolle das Thema Kundenrückgewinnung bei ihnen spielt, waren ernüchternd. «Bis jetzt hat sich noch niemand dafür interessiert», hörte ich. Und: «Man müsste nachdenken, welche Daten man dazu überhaupt benötigt und woher man diese bekommen kann», hieß es. Dann hörbares Achselzucken am Telefon. Die CAS Software AG aus Karlsruhe hat sich Gedanken gemacht und hierzu eine Checkliste entwickelt. Diese finden Sie im Anhang.

Bei allem Respekt vor der Bedeutung einer funktionsfähigen Software: Kunden sind keine Daten. Nur Menschen gelingt es durch das, was sie *wie* tun, verlorene Kunden zurückzuholen. Datenbanken sind adäquate Hilfsmittel auf dem Weg zum Ziel – mehr nicht.

1.5.4. Der zielführende Dialog

Kundenrückgewinnungsgespräche sind die letzte Chance, um die hohen Investitionen der Neukunden-Gewinnung zu vermeiden. Und es sind die vielleicht diffizilsten Gespräche in der Laufbahn eines vertriebsorientierten Mitarbeiters. Ziel ist es, die Wiederaufnahme der unterbrochenen Geschäftsbeziehung zu besprechen, um in einem zweiten Anlauf doch noch Loyalität aufzubauen. Oft geht es ebenfalls darum, in Erfahrung zu bringen, weshalb Kunden kündigen bzw. sich zurückziehen und was mit welchen Mitteln getan werden kann, um Kündigungen abzuwehren.

Die Reaktivierung absprungwilliger oder bereits verlorener Kunden ist also etwas für Kommunikationsprofis. Persönliche bzw. telefonische Kontakte führen dabei am ehesten zum Erfolg. Denn da kann sich der Mitarbeiter ganz individuell und höchst einfühlsam um die Belange des Kunden kümmern. Dies vermittelt Wertschätzung, gibt Sicherheit und stellt Vertrauen wieder her. Es gilt, deutlich zu machen, dass das Unternehmen an einer dauerhaften Geschäftsbeziehung wirklich interessiert ist. Ferner ist glaubhaft zu vermitteln, dass es etwaige aufgetretene Probleme bestens beheben wird.

Hierbei kommt es nicht darauf an, was das Unternehmen tut, sondern: Wie der Kunde dies wahrnimmt. Und das sind zwei völlig verschiedene Dinge. Eine Menge Verkaufspsychologie ist vonnöten, um sich auf die individuelle Gesprächssituation und den jeweiligen Kundentyp optimal einzustellen. Die Mitarbeiter brauchen dazu fachliche und kommunikative Fähigkeiten – und ein hohes Maß an Identifikation mit ihrem Unternehmen.

Und sie brauchen beträchtliche Entscheidungskompetenzen. Denn die für den jeweiligen Fall passende Reaktion muss flexibel und schnell erfolgen. Langwierige bürokratische Prozesse verärgern den Kunden nur noch mehr. Schließlich muss der Mitarbeiter Kosten und Nutzen seiner Zugeständnisse betriebswirtschaftlich abwägen können. Blockt er zu stark ab, werden die Reaktivierungserfolge mager ausfallen. Ein sensibles Entgegenkommen ist deutlich zielführender. Und das muss gar nicht teuer sein.

1.5.5. Emotionale und materielle Köder

Untersuchungen zeigen immer wieder, dass im Rückgewinnungs-management die emotionalen und immateriellen Aspekte vielfach Vorrang haben vor den finanziellen. Wenn es dagegen keinerlei emotionale «Bonbons» gibt, ist heftig Schmerzensgeld zu zahlen.

Wie es dazu kommt? Den meisten Menschen fehlt die Zuwendung Dritter. Jeder ist vor allem mit sich selbst beschäftigt. Die Verstädterung, die Vereinzelung sowie die Flucht ins Internet tragen zum Zuwendungsmanko bei. Evolutionär sind und bleiben wir allerdings Herdentiere. Unsere größte Furcht ist Liebesentzug. Allein in der Wüste – das wäre der sichere Tod. «Die Aufmerksamkeit anderer Menschen ist die unwiderstehlichste aller Drogen», schreibt Georg Franck in seinem Buch *Ökonomie der Aufmerksamkeit*, und weiter: «Ihr Bezug sticht jedes andere Einkommen aus. Darum steht der Ruhm über der Macht, darum verblasst der Reichtum neben der Prominenz.»

Aufmerksamkeit und Wertschätzung, Fairness und Hilfsbereitschaft, eine offene und ehrliche Kommunikation sowie eine einfühlsame und freundliche Behandlung: Das ist für viele Kunden das größte Geschenk. Daneben sind eine effiziente Problemlösung sowie eine angemessene Wiedergutmachung wirkungsvolle Anreize zur Wiederaufnahme der Geschäftsbeziehung.

1.5.6. Das schnelle Timing

Egal, ob das Abwandern still und leise erfolgt oder mit einer lautstarken Kündigung verbunden ist: Reagieren Sie auf Warnhinweise sofort. Wenn die Verträge mit dem neuen Anbieter unter Dach und Fach und die ersten Transaktionen prima gelaufen sind, ist es zu spät. Dann können Sie sich erst wieder bei der nächsten Vertragsrunde in Position bringen.

Je schneller die Reaktion, desto höher ist die Rückgewinnungsrate. Diese Erfahrung haben alle Unternehmen gemacht, die bereits Reaktivierungsaktionen durchgeführt haben. Praktiker berichten von Rückgewinnungsquoten von über 60 Prozent bei optimalem Timing.

Denn nicht immer hat sich der Abtrünnige bereits für einen neuen Anbieter entschieden, wenn er den alten verlässt. Zwar ist eine Trennung meist mit einem emotionalen Aufgewühltsein verbunden: Wut, Trauer, Ärger, Enttäuschung, Rache – je nachdem. Dennoch hatte man sich früher ja auch einmal gut vertragen. Daran lässt sich anknüpfen. Eine Restloyalität und damit auch Gesprächsbereitschaft ist oft noch vorhanden.

Sind erst einmal die emotionalen Verbindungslinien gekappt, wird das Zurückgewinnen schwieriger. Man hat sich nun einem neuen Partner zugewandt, hofft auf das Beste und rückt die positiven Seiten der neuen Beziehung in den Vordergrund. All das ist subjektiv eingefärbt – wird aber rational präsentiert. Wir schnitzen uns quasi eine Rechtfertigung für unsere «Tat» zurecht und besänftigen unser schlechtes Gewissen. Über die kleinen Streiche, die unser Hirn uns dabei spielt, werden wir noch eine Menge hören.

1.5.7. Wissen, wie es geht

Bei meinen Recherchen zu diesem Buch wurde mir erst so richtig klar, wie tabuisiert das Thema Kundenverluste ist. Zahlen wurden mir durchweg verweigert. Über seine verlorenen Kunden redet man nicht. Sie sind offensichtlich der lebende Beweis für eine Niederlage. Und wer gibt schon gerne Niederlagen zu? Lieber beschäftigt man sich mit zweifelhaften Siegen im Neukunden-Geschäft – selbst wenn diese mit hohen Streuverlusten und beträchtlichem finanziellen Aufwand teuer erkauft wurden.

Erst eine offene und ehrliche Auseinandersetzung mit dem Thema Kundenfluktuation schafft Bewusstsein für die Chancen, die darin stecken. Was Sie hierzu wissen müssen, steht in diesem Buch.

Die Reaktivierung ehemaliger Kunden kann allerdings immer nur ein Zwischenschritt sein. Was wir vor allem daraus lernen sollten ist: Prävention. Alle Erkenntnisse, die sich aus den Begleitumständen der Kundenverluste ergeben, können helfen, es in Zukunft besser zu machen. Ziel ist, seine Bestandskunden länger zu halten, als es in der Branche üblich ist, sich deren freiwillige Treue durch emotionale Verbundenheit auf Dauer zu sichern und sie gegen jegliche Abwerbeversuche der Konkurrenz zu immunisieren.

In den Margen- und Marktanteilsschlachten der Zukunft wird es immer stärker um das Loyalisieren der Bestandskunden gehen. Loyalitätsführerschaft heißt das neue Ziel. Da die Angebote mit Sicherheit noch zahlreicher, die Kunden dagegen weniger und immer illoyaler werden, ist es umso wichtiger, *die* Kunden zu halten und zu pflegen, die man schon gewonnen hat – und neue, dauerhaft *treue* profitable Kunden (zurück) zu gewinnen.

Ganz klar: In uns allen steckt Neugierde und das Bedürfnis nach Abwechslung – und eben auch der Herdentrieb. Je konfuser die Welt, desto stärker brauchen wir Orientierung und Sicherheit, Wohlfühl-Oasen und Verbundenheit. So sind etwa SMS, Networking, Blogs und Communities nur moderne Ausprägungen unserer uralten Sehnsucht nach «Miteinander». Denn zwei Grundbedürfnisse sind tief verwurzelt in uns Menschen: positiv wahrgenommen zu werden und dazuzugehören.

So wird nun Loyalität – und nicht Konsum- oder Investitionsverzicht – zur schärfsten Waffe des Kunden. Denn irgendwann wird jeder wieder konsumieren oder kaufen (müssen), fragt sich nur, bei wem! Das ständige Bemühen eines Unternehmens muss es sein, die richtigen, also passende und profitable Kunden dauerhaft zu loyalisieren und zu aktiven positiven Empfehlern zu machen. Dies ist die effizienteste und kostengünstigste Rendite-Zuwachsstrategie aller Zeiten. Vor allem aber: Neukunden werden auf diesem Weg gleich mitgeliefert. Und zwar kostenlos.

2. Die Identifizierung der verlorenen Kunden

Unter den Kunden, die verloren gehen, gibt es leise und laute Kündiger, geräuschvolle Reklamierer und heimliche Abwanderer. Es gibt Kunden, die ihre Aktivitäten auf nahezu null herunterfahren. Es gibt die, die ihre Verträge nicht verlängern. Und es gibt die vorübergehend oder dauerhaft abstinenten Kunden, die sogenannten «Schläfer». Um verlorene Kunden zu orten, muss also zunächst geklärt werden, wer ab wann als verloren gilt. Das hört sich trivial an, ist es aber nicht. Denn bei weitem nicht in jeder Branche spricht der Kunde seine Entscheidung, ein Unternehmen zu verlassen, durch eine mündliche oder schriftliche Kündigung aus.

Der stationäre Handel etwa kennt die meisten seiner Kunden kaum. Seit dem Aufkommen der Kundenkarten, die kleinen Spione in unserem Portemonnaie, ist das Kaufverhalten der Verbraucher nachvollziehbar. Doch erst, wenn ein Unternehmen entschieden hat, wie lange ein Kunde ohne Kaufaktivität sein muss, um als verloren zu gelten, kann es die erforderlichen Reaktivierungsmaßnahmen einleiten. Sprecher der großen Kartensysteme wie Payback oder HappyDigits sind allerdings davon überzeugt, dass hier noch gewaltiges Optimierungspotenzial schlummert.

In Hotels oder Reisebüros sieht die Situation ähnlich aus. Nur wenn die gut gefütterte Datenbank uns den Rhythmus anzeigt, mit dem ein Kunde uns besucht, können wir mit einiger Sicherheit sagen, wann er verloren ist. Um ihm dann ganz vorsichtig zu signalisieren, dass er uns fehlt. So könnte ein Reisebüro mitten im Winter stimmungsvolle handgeschriebene Urlaubskarten – also eben nicht das übliche Prospektmaterial – verschicken, um einen Nicht-mehr-Bucher an sich zu erinnern. Oder ein Fitness-Studio könnte skurrile Fotos von furchtbar dicken Menschen versenden, um zu signalisieren, dass man den Kunden vermisst. Das bringt einen zum Träumen. Oder zum Lachen. Und reaktiviert einige.

In großen oder verzweigten Unternehmen gilt es zu erkennen, ob ein Kunde, selbst wenn er seit längerem aufgehört hat, Produkt A zu kaufen, noch Kunde für Produkt B aus einem ganz anderen Werk ist. Hierzu werden verknüpfte Datenbanken und eine gut vernetzte Kommunikation zwischen den einzelnen Geschäftsbereichen benötigt. Kunden haben meist wenig Verständnis für Lücken im System. Als Kunde eines Autovermieters hat man beispielsweise die Erfahrung gemacht, dass alle Niederlassungen die Kundenhistorie kennen. Solche Erfahrungen werden nun auf andere Teilnehmer der Wirtschaft übertragen: Was die einen können, muss ja wohl auch bei den anderen möglich sein. So denkt der Kunde.

In vielen Fällen arbeiten Kunden mit mehreren Anbietern zusammen. Und nicht immer kommt es dabei zu vertraglichen Bindungen. So haben Geschäftskunden oft ihre Konten bei verschiedenen Banken oder lassen sich von einer Reihe von Lieferanten beliefern. Ausbleibende Transaktionen lassen nicht immer erkennen, ob ein Kunde nur vorübergehend «ruht» oder ob er seine Aktivitäten inzwischen voll und ganz auf einen Mitbewerber verlagert hat. Dies erfordert detektivisches Forschen im Untergrund – oder ganz einfach ein Gespräch mit dem Kunden.

So hat beispielsweise ein Autohaus den Zeitpunkt, ab wann ein Kunde als abwanderungsgefährdet bzw. bereits verloren gilt, bei 24 Monaten festgelegt. In aller Regel hätte ja innerhalb dieser Zeit eine Wartung des Fahrzeugs bzw. eine Inspektion stattfinden müssen, TÜV und AU würden fällig. Wer also das Autohaus mehr als zwei Jahre lang nicht besucht hat, wird angesprochen, um Näheres herauszufinden – und einen möglichen Markenwechsel zu verhindern.

Noch viel besser wäre es, würde man den Kunden auch *inner-halb* dieses Zeitraums kontaktieren, um nicht in Vergessenheit zu geraten. Anlässe dazu gibt es reichlich. So kann der Verkäufer beispielsweise per Telefon einmal oder besser zweimal jährlich einen vorsorglichen Zufriedenheits-Check machen – ohne dabei etwas verkaufen zu wollen. Doch wie so oft fehlt es hinten und vorne an Personal. Das nenne ich: am falschen Ende gespart. Denn Geld ist ja da. Es wird allerdings viel lieber in die aufwändige Neukundenwerbung gesteckt: Anzeigen, TV-Spots, Hochglanz-Broschüren, alles vom Feinsten. Die potenziellen Erstkäufer bekommen die meiste Zuwendung. Die wertvollen Bestandskunden dagegen lässt man emotional austrocknen und verhungern. Dies, weil Verkäufer nach Neugeschäft prämiert werden, weil ihr Betreuungsbestand zu hoch ist und weil sie außerdem die Hälfte der Zeit mit Schreibkram beschäftigt sind. Sollte nun ein Kunde von sich aus aktiv werden, hängt er ewig in der Warteschleife – oder trifft auf gestresstes, übelgelauntes, überfordertes Personal. Und das soll Kauflust wecken?

2.1. Die Leisen

Kunden verschwinden in den seltensten Fällen von heute auf morgen. Meist vollzieht sich die Trennung in Etappen. Oft wird ein neuer Anbieter zunächst einmal angetestet, man platziert einen Kleinauftrag oder macht einen Probekauf. Sind die ersten Erlebnisse positiv, verdüstert sich gleichzeitig die Stimmung in Bezug auf den alten Geschäftspartner. Dies entpuppt sich meist als eine Mischung aus subjektiver Wahrnehmung und schlechtem Gewissen. Darin steckt eine Menge Neuro-Psychologie: Es muss eine vernünftig aussehende Rechtfertigung für den Seitenwechsel zusammengebraut werden.

Man will – mehr oder weniger unbewusst – den zukünftigen

Ex sanft auf das bevorstehende Ende vorbereiten und macht schon mal ein paar vage Andeutungen. So wird man mit diesem und jenem unzufrieden sein und jammert öfter als üblich. Es kommt zu diffusen Klagen über das Nachlassen der Qualität oder zu unüblichen und schlecht nachvollziehbaren Mängelrügen. Aus Andeutungen wird schließlich der Wink mit dem Zaunpfahl. Oder das Nichteingehen auf ein hochstilisiertes Beschwerde-Detail mutiert zum berühmten Tropfen auf den heißen Stein – und das Ende ist nicht mehr weit. Im Privatleben machen wir das übrigens genauso.

Werden Sie, wenn Sie solche Signale sehen, hellwach! Vielleicht ist noch was zu retten. Zeigen Sie, wie wichtig der Kunde Ihnen ist. Versichern Sie ihm, dass Sie seine Klagen ernst nehmen. Kümmern Sie sich um jede Beanstandung. Forschen Sie nach den Schwachstellen im Unternehmen. Sagen Sie besondere Sorgfalt und Ihr persönliches Engagement bei der Abwicklung des nächsten Auftrags zu. Und vor allem: Halten Sie Ihre Versprechen ein!

Erfahrene Betreuer mit Gespür für die leisen Töne können ein drohendes Abwandern erkennen, bevor es zu spät ist. Wer die Anzeichen richtig deutet, kann gefährdete Kundenbeziehungen noch rechtzeitig stabilisieren. In jedem Fall ist es hilfreich, die in der eigenen Branche üblichen Anzeichen zu sammeln und regelmäßig mit dem Kundenverhalten abzugleichen.

Wenn Sie wissen wollen, ob ein Kunde noch Kunde ist, können beispielsweise folgende Fragen weiterhelfen:

- Wann hat der Kunde das letzte Mal gekauft?
- Wurde die übliche Bestellfrequenz deutlich unterschritten?
- War das Volumen der letzten Bestellungen abnehmend?
- Ging die Zahl der Transaktionen zurück?
- Gab es Störungen in der Kundenbeziehung? Ging der Kunde auf Distanz? Oder war ihm plötzlich alles egal?
- Gab es verstärkte Reklamationen?
- Ließ die Zahlungsmoral nach?

- Sprach der Kunde in letzter Zeit öfter über Wettbewerber? Hatte er sehr genaue Kenntnisse über deren Produkte?
- Gab es negative Berichte in der Presse, auf die uns der Kunde aufmerksam machte?
- Gibt es im Markt Gerüchte über einen Lieferantenwechsel?

Sie haben einen leisen Verdacht? Nun kann man natürlich nicht mit der Tür ins Haus fallen, sondern wird versuchen, sachte vorzufühlen. Fragen Sie beispielsweise: «Was gibt es, lieber Kunde, das wir für Sie verbessern können?» Die Antwort des Kunden ist ausweichend und klingt wenig plausibel? Seine Körpersprache spricht Bände?

Klar, der Kunde ist Ihnen keine Rechenschaft schuldig. Versuchen Sie dennoch, an Informationen zu kommen. Liegt es an Ihrer Leistungserbringung? Dem Kunden fehlen Zuverlässigkeit und Vertrauen? Kam ein besseres Produkt auf den Markt? Oder hat sich beim Kunden etwas verändert? Wird Ihre Leistung dort überhaupt noch gebraucht? Gab es saisonale Schwankungen? Ist sein Bestellmuster branchentypisch? Oder geht es dem Unternehmen schlecht?

Sie haben sehr deutliche Warnsignale geortet? Dann handeln Sie, bevor es zu spät ist! Laden Sie den Kunden zu einem ausgiebigen Frühstück ein, fahren Sie Ihre Antennen aus und gehen Sie auf Sendung. Sprechen Sie jedoch keine Anschuldigungen und Vorwürfe aus, sondern benutzen Sie eine Ich-Botschaft, in etwa so: «Also, es kann ja sein, dass ich mich irre, aber ich habe irgendwie das unbestimmte Gefühl, Sie schauen nach den Kirschen in Nachbars Garten. Oder liege ich damit *völlig* falsch?»

Bevor Sie das sagen, setzen Sie sich gerade, ziehen deutlich die Schultern nach hinten herunter (hochgezogene Schultern = Opferhaltung) und nehmen freundlich Augenkontakt auf. Diese Signale registriert das «gegnerische» Gehirn sofort als Zeichen von Selbstbewusstsein und Zuversicht. Vermeiden Sie alles Vorwurfsvolle im

Blick, es könnte den Kunden reizen. Und betonen Sie das Wort «völlig». Es ist Ihr Lockvogel.

Weshalb ich die Redewendung «Es kann ja sein, dass ich mich irre» vorschlage? Vielleicht irren Sie sich wirklich! «Wir Menschen neigen alle zu der Annahme, dass die Gegenseite immer das tut, was wir selbst befürchten», heißt es dazu im Harvard-Konzept. Und so, wie Sie gerade mit Samtpfötchen herangeschlichen sind, so schleichen Sie wieder davon, wenn der Kunde Entwarnung gibt. Zeigen Sie sichtbare Erleichterung und drücken Sie Ihre Freude aus, einen so wertvollen und angenehmen Kunden auch weiterhin betreuen zu können.

Für den Fall aber, dass sich Ihre Vermutung als richtig erweist, brauchen Sie nun einen Plan. Darüber später mehr.

Ein Hinweis schon einmal an dieser Stelle: Verfeinern Sie sukzessive Ihre Beobachtungen über abwanderungskritische Ereignisse, entwickeln Sie hieraus ein Kennzahlensystem, erarbeiten Sie Prognosemodelle, tauschen Sie Ihre Erfahrungen mit anderen aus, installieren Sie ein Frühwarnsystem. Je eher Sie agieren, desto besser sind Ihre Reaktivierungschancen. Am größten sind sie dann, wenn es gelingt, den Kunden zu erreichen, noch bevor er kündigen will.

2.2. Die Lauten

Das Ende einer Geschäftsbeziehung kündigt sich vielfach mit mehr oder weniger lautem Getöse an. Da gibt es die Wutkündiger, die aus einem Affekt heraus kündigen, oft mit einem Paukenschlag («Nicht mit mir, Freundchen! Weißt du eigentlich, wen du da vor dir hast?»). Da gibt es die Eiskalten, die einen ohne Warnschuss und mit voller Absicht ins Messer laufen lassen («Denen hab ich's so richtig gezeigt!»). Da gibt es die Duldsamen, die eine Kette von unglücklichen Ereignissen über sich haben ergehen lassen, bis es schließlich einmal zu viel war («Meine Geduld ist zu Ende»). Da gibt es die Rationalen, die etwas Besseres oder Billigeres gefunden haben («Es war ein Abwägen von Plus und Minus»). Ferner gibt es die «Vorsichtskündiger», die ihren Vertrag bereits kurz nach dem Abschluss wieder kündigen, um ja keine Kündigungsfristen zu verpassen. Und schließlich gibt es die Sprunghaften und Experimentierfreudigen, für die das Ausprobieren von Neuem und vielleicht sogar der Kündigungsprozess als solcher ein Lustgewinn ist («Neues Spiel, neues Glück»).

Wie dem auch sei: Vor der ausgesprochenen Kündigung steht meist die innere Kündigung. Die Signale, die dabei ausgesandt werden, sind vielfältig. Hinzu kommt, dass oft zunächst mit einer Kündigung gedroht wird. Dies passiert im Allgemeinen in Zusammenhang mit einer Reklamation.

Die unprofessionelle Reklamationsbearbeitung ist ein überaus häufiger Abwanderungsgrund. Wer also Profi in Sachen Reklamationsbearbeitung ist, kann sich so manche unliebsame Kündigung ersparen. Im Folgenden sehen wir uns daher detailliert an, wie man mit einem Reklamierer am besten umgeht, um ihn wieder voll und ganz für sich zu gewinnen.

2.2.1. Die Reklamierer

Eine Reklamation ist keine Nörgelei oder Ruhestörung, sondern ein im Nachhinein geäußerter Kundenwunsch – und das Warnsignal eines absprungbereiten Kunden. Denn bei jeder Unzufriedenheit denkt der Kunde meist sofort über einen Wechsel nach. Und das wird er in Zukunft immer gnadenloser tun. Wer heutzutage versagt, bekommt von anspruchsvollen Kunden meist keine zweite Chance. Denn die Angebote am Markt sind riesig. Und die Konkurrenz lauert schon.

«Bei uns ist die Welt noch in Ordnung», sagte mir kürzlich ein Zulieferer, «wir haben nur so um die vier Reklamationen im Monat.» Ein fataler Irrtum! Wer keine Beschwerden hat, hat auch bald keine Kunden mehr. Bei vier vorgetragenen Beschwerden gibt es, so fanden amerikanische Studien heraus, 96 Personen, die nichts sagen, sondern still und leise abwandern. Und selbst die, die bleiben, verursachen noch Schaden genug:

- Sie kaufen weniger.
- Sie werden kritischer und suchen verstärkt nach weiteren Fehlern.
- Sie sind misstrauisch gegenüber allen neuen Angeboten.
- Sie stellen überhöhte Forderungen oder erzwingen Preisnachlässe.
- Sie berichten über ihre negativen Erfahrungen – auch im Internet.
- Sie sorgen für schlechte Stimmung bei den Mitarbeitern.
- Sie verursachen zusätzliche Kosten.

Warum reden eigentlich die meisten unzufriedenen Kunden nicht von sich aus? Weil Kunden lieber die Flucht ergreifen, statt auf Angriff zu schalten («Eine Reklamation bringt nichts als Ärger!»). Und weil hinter jeder Reklamation auch emotionale Gründe stecken, welche die meisten Menschen lieber verbergen wollen. Warum also wird so selten reklamiert?

- Es ist eine Frage des Typs.
- Es macht zu viel Arbeit oder ist zu aufwändig.
- Es frustriert und zieht einen selber runter.
- Es erscheint als Lappalie im Vergleich zum möglichen Ausgang.
- Man weiß nicht, wo oder bei wem.
- Man hat bei früheren Reklamationen schlechte Erfahrungen gemacht.
- Man hat Angst, peinlich aufzufallen, als Trottel dazustehen.
- Man hat Angst vor Unannehmlichkeiten oder Repressalien.
- Man hat Angst vor seelischen Verletzungen.
- Man glaubt nicht an die Bereitschaft zur Wiedergutmachung.

Bringen Sie die Unzufriedenen zum Reden, bevor sie es bei Dritten tun. Und dann dem Unternehmen den Rücken kehren. Jede Reklamation ist also willkommen. Und möglichst jede nur ein einziges Mal. Solange sich Kunden bei Ihnen beschweren, haben Sie keine Probleme. Ganz im Gegenteil: Eine Reklamation zeigt, dass durchaus noch Interesse an einer Zusammenarbeit besteht. Es liegt nur gerade ein Hindernis im Weg, das weggeräumt werden soll. Je schneller, desto besser. Der Kunde muss wissen, dass, wie und bei wem er sich beschweren kann.

Und jeder im Unternehmen, der eine Beschwerde erhält, muss wissen, wie er darauf zu reagieren hat. In einer solchen Situation können Sie alles verspielen. Oder sehr viel gewinnen. Untersuchungen zeigen immer wieder, dass nach gut gelösten Reklamationen Wiederkäufe und Umsätze steigen. Aus zwei Gründen ist das so:

1. Der Kunde fühlt sich wichtig genommen und anerkannt. Das wird er Ihnen mit Mehrkäufen vergelten.
2. Der Kunde erhält im Gespräch zusätzliche Informationen, die die Ware oder Dienstleistung für ihn besonders attraktiv machen.

Und mehr noch: Sie können sogar aufgrund Ihrer unverhofft professionellen Reklamationsbearbeitung vehement gerühmt und empfohlen werden. Wer mehr erhält, als er dachte, bekommt das erhabene Gefühl, etwas bewegt zu haben. Darüber wird stolz auf der nächsten Party berichtet. Wer dagegen in bürokratischen Strukturen oder in einem Hierarchie-Sumpf unterlag, wird sich vorkommen wie ein kleines Würstchen – und sich wutentbrannt rächen.

2.2.1.1. Hurra, eine Reklamation!

«Hurra, eine Reklamation!», sollten Sie also froh und dankbar rufen, wenn ein Kunde eine Beschwerde hat. Jede ausgedrückte Reklamation, egal ob mündlich oder schriftlich vorgetragen, ist ein Kundengeschenk. Und ein kostbarer Lerngewinn: eine Chance, Schwachstellen aufzudecken, Fehler abzustellen, Verbesserungsprozesse einzuleiten, Innovationen anzustoßen, einen zaudernden Kunden zurückzuholen, negative Mundpropaganda zu vermeiden und seinen guten Ruf zu retten. Vor allem aber: eine Chance, weitere Kundenverluste zu vermeiden. Denn was *einen* Kunden ärgert, das stört womöglich viele andere auch.

Bedanken Sie sich also aufrichtig bei jedem Kunden, der reklamiert! Das könnte sich etwa so anhören: «Danke, Herr Mayer, dass Sie diesen Punkt so offen anbringen.» Oder: «Wie gut, Frau Schüller, dass Sie auf dieses Thema so ehrlich zu sprechen kommen.» Und dann hören Sie genau hin, und zwar mit spürbarer Anteilnahme und einer echten Mimik der Betroffenheit. Jetzt süßlich zu lächeln wäre falsch, der Kunde könnte sich auf den Arm genommen fühlen und dann erst recht explodieren. Zeigen Sie sich partnerschaftlich und kooperationsbereit. Und gehen Sie nicht in die kleinmütige Opferhaltung. Opfer ziehen Täter an.

Beschwerden sind nicht immer eindeutig als solche zu erkennen, sondern werden oft als «Anliegen» getarnt. Auch hinter einem Rechnungsabzug kann eine Beschwerde stecken. Und selbst hinter rein rational vorgetragenen faktischen Reklamationsgründen finden sich oft ganz andere, die emotionalen «wahren» Gründe. Viele Menschen verstecken diese hinter einem Vorwand, der im wahrsten Sinne des Wortes ein Vorwand ist.

Für Kunden ist es ein Leichtes, Verkäufer mit vorgeschobenen Rücktritts-Argumenten wie «zu teuer!», «zu schlechte Qualität!», «zu lange Lieferfristen!» auszustechen. Mein Tipp: Werfen Sie «Steinchen», um zu sehen, was sich hinter der Vorwand verbirgt. Solches Vortasten können Sie einleiten mit Fragen wie: «Wenn wir das Thema Preis nun schon erörtert haben, gibt es eigentlich noch weitere Gründe, die Sie dazu brachten, sich von uns abzuwenden?» Oder: «Wenn ich das Folge-Geschäft nun nicht mehr bekomme, Sie helfen mir sehr, wenn Sie mir sagen, welche Gründe, neben den Lieferproblemen, womöglich noch eine Rolle spielten.»

Unzufriedene Kunden sind entweder Giftmüll-Deponien – oder positive Botschafter Ihres Unternehmens. Sie haben die Wahl. Tun Sie alles, damit missgestimmte Käufer sich äußern können. Ersuchen Sie die Kunden, Ihnen Bescheid zu sagen, falls mal was nicht passt. Locken Sie Reklamationen geradezu heraus. Dies ist das beste Präventiv-Programm zum Schutz vor Kundenabwanderungen.

Nehmen Sie jede Reklamation ernst und wichtig. Denn für den Kunden ist sie wichtig. Von seinem Standpunkt aus betrachtet, fühlt sich der Kunde im Recht, wenn er reklamiert. Denn die Menschen sehen nicht, was sie sehen sollen, sondern das, was sie sehen *wollen*. Jeder schafft sich so seine eigene subjektive Wahrheit. Ihr Gesprächspartner glaubt ganz fest an seine Auslegung als die einzig «richtige» – genauso, wie Sie das auch tun.

Wie kann das sein? Das menschliche Hirn besteht aus einem ausgesprochen vielschichtigen Zusammenspiel von Hormonen, Neurotransmittern und elektrischen Impulsen. Es hat einzigartig strukturierte und völlig unterschiedlich verknüpfte Hirnregionen. Jedes Hirn ist demnach ein Unikat. So wie jedes Gesicht und jeder Körper unterschiedlich aussieht, so ist auch das Gehirn bei jedem Individuum anders gebaut.

Das bedeutet: Jeder denkt, fühlt und handelt anders als alle anderen. Und keiner ist wie Sie. Wir alle neigen ja gerne dazu, zu glauben, andere sähen die Welt ein wenig wie wir. Und sind immer wieder total erstaunt, wie jemand eine so völlig andere Sicht der Dinge haben kann. Bei Reklamationen ist dies besonders deutlich zu sehen. Was dem verursachenden Unternehmen als Bagatelle erscheint («Wegen so einer Lappalie machen Sie ein solches Trara?!»), ist für den Betroffenen wie ein kleiner Weltuntergang. Stresshormone tun dabei ihr Übriges. Wer erregt ist, schaltet auf Tunnelblick und ist für sachliche Argumente wenig zugänglich.

Also: Es gibt keine unberechtigten Beschwerden. Versetzen Sie sich in die Lage des Kunden. Zweifeln Sie Reklamationen nicht an («Das kann ich mir gar nicht vorstellen») und bagatellisieren Sie nicht («Das ist doch nun wirklich kein Grund, sich so aufzuregen!»). Zeigen Sie aufrichtiges Verständnis («Ich verstehe Ihren Ärger, Herr Mayer»). Verständnis ist noch kein Eingeständnis. Suchen Sie die möglichen Fehler nicht beim Kunden («Da haben Sie wohl nicht genau zugehört!») – sondern bei sich.

Halten Sie sich nicht mit Rechtfertigungen oder Schuldzuweisungen und der Suche nach internen Prügelknaben auf («Dafür kann ich nichts, das hat die Buchhaltung verbockt»). Betreiben Sie Ursachenforschung und schaffen Sie Problemlösungen. Wer was warum verbrochen hat, interessiert den Kunden nicht. Er möchte, dass seine Reklamation verständnisvoll und unkompliziert behoben wird. Er will eine Lösung – und zwar bitte möglichst sofort.

2.2.1.2. Gelassen, achtsam und lösungsorientiert reagieren

Versetzen wir uns zunächst in die Lage eines Reklamierenden. Er reagiert spontan, subjektiv, verärgert, impulsiv, manchmal verletzend und verallgemeinernd. Während er sich (mündlich oder schriftlich) äußert, kommt der ganze Frust noch einmal hoch, so dass er Mühe hat, sachlich zu bleiben. Dabei gehen seine Gedanken mit ihm durch: «Wird es zu einer Auseinandersetzung kommen? Wird man mir betrügerische Absichten unterstellen? Wird man mich beschimpfen? Wird sich der ganze Aufwand überhaupt lohnen? Wird man mir eine Entschädigung zukommen lassen?» Im Geiste stellt er sich schon auf das Schlimmste ein. Und hofft auf das Beste.

So reagieren Sie passend im Gespräch mit einem reklamierenden Kunden:

Ruhe bewahren! Reklamierende Kunden sind oft aufgeregt und sehr empfindlich. Denn ihnen ist – subjektiv betrachtet – großes Unrecht widerfahren. Reagieren Sie geduldig und höflich. Wer verärgert und wütend ist, braucht Zeit, um sich wieder zu fangen. Suchen Sie einen ruhigen Ort auf. Vermeiden Sie Zuschauer! Sprechen Sie langsam und mit tiefer, beruhigender Stimme. Gehen, sitzen, etwas zu essen und zu trinken beruhigt.

Verständnis zeigen! Aus Sicht des Kunden ist jede Reklamation sachlich und emotional begründet. Sagen (und meinen = signalisieren) Sie: «Ich kann Ihre Verärgerung gut nachvollziehen. Sie haben alles vorbereitet und dann ist … passiert. Herr xx, sagen Sie mir doch bitte ganz offen, wie es *genau* dazu kam.» Um bedeutende Reklamationen und Kunden sollte sich der Chef persönlich kümmern. Das signalisiert: wichtig!

Gut hinhören! Wer reklamiert, muss Dampf ablassen. Lassen Sie den Kunden unbedingt ausreden und hören Sie aktiv hin (kurze, zustimmende Worte und Gesten). Zeigen Sie Anteilnahme, drücken Sie Mitgefühl aus – aber ohne jede Übertreibung. Jammern Sie nicht mit, widersprechen Sie nicht. Bagatellisieren Sie nicht und zweifeln Sie nicht an. Geben Sie auch keine oberlehrerhaften Ratschläge. Machen Sie keine Gegenvorwürfe. Und suchen Sie nie die Schuld beim Kunden, sonst entsteht Überdruck: Er explodiert und Sie haben ihn wahrscheinlich für immer verloren.

Nicht persönlich nehmen! Die Wut des Kunden betrifft eigentlich die Sache, auch wenn er persönlich wird und in seiner Wortwahl daneben greift. Mit Wut im Bauch zwingt uns unser evolutionäres Programm, zu verletzen. Früher haben wir dazu die Keule ausgepackt, zivilisierte Kopfarbeiter des 21. Jahrhunderts tun dies mit Worten. Reagieren Sie nicht beleidigt, überhören sie persönliche Angriffe. Schieben Sie alles Emotionale unkommentiert beiseite, um sich auf den Kern der Sache konzentrieren zu können.

Entschuldigen Sie sich! Unbedingt, in jedem Fall und ehrlich gemeint («Es tut mir Leid, dass Sie durch uns solche Unannehmlichkeiten hatten»). Gestehen Sie Fehler (ohne Rechtfertigung) ein, zeigen Sie sich kritikfähig. Und bitte: keine Schuldzuweisungen an Kollegen oder andere Abteilungen, keine Tricksereien, keine Lügen!

Wiederholen Sie! Wiederholen Sie die wichtigsten Punkte in eigenen Worten: «Habe ich Sie so richtig verstanden, dass …» Dabei können Sie bereits «entgiften». Dies beruhigt, neutralisiert und schafft Übereinstimmung. Ein positives Gesprächsklima ist der erste Schritt zu einer konstruktiven Lösung des Problems.

Mängel aufschreiben! Insbesondere bei gravierenden Beschwerden: Notieren Sie handschriftlich, was der Kunde bemängelt, und erfragen Sie gezielt die Fakten. Durch Mitschreiben wird die Situation sofort sachlicher und konkreter. Erfolgt die Beschwerde telefonisch, dann signalisieren Sie, dass Sie mitschreiben. Sie können nun bei der Erledigung auf diese Informationen zurückgreifen. Und: Der Kunde merkt, dass Sie ihn ernst und sein Anliegen wichtig nehmen.

Bedanken Sie sich! Und zwar in jedem Fall, denn eine Reklamation ist ein Geschenk. Der Kunde gibt uns mit seiner Reklamation Hinweise auf Schwachstellen im Unternehmen und zeigt uns Verbesserungsmöglichkeiten auf. Außerdem signalisiert er, dass er an einer weiteren Zusammenarbeit interessiert ist, sonst würde er sich nicht die Mühe machen, zu reklamieren.

Schnell und effizient reagieren! Betrachten Sie sich als «Eigentümer» der Reklamation, reagieren Sie selbst. Schnelligkeit geht vor Ausführlichkeit. So kann man bereits beim Kunden per Handy erste Instruktionen an den Innendienst geben. Erarbeiten Sie die Lösung am besten mit dem Kunden gemeinsam. Auf die einlenkende Frage: «Was haben Sie sich, Herr Kunde, denn vorgestellt?» schrauben die meisten Beschwerdeführer ihre Maximalforderung sofort zurück. Vergewissern Sie sich, dass der Kunde von Ihrer Reaktion angetan ist («Sind Sie mit der Regulierung auch

wirklich zufrieden? Was hätten wir noch besser machen können?»).
Zeigen Sie sich großzügig, vor allem bei der Erledigung von Kleinigkeiten. Herrscht Unsicherheit, was der Kunde nun eigentlich will, dann fragen Sie: «Was können wir tun, um dies wieder gutzumachen?» Halten Sie Ihre Versprechen in jedem Fall voll und ganz ein. Rückrufe, die Sie zusagen, müssen erfolgen. Lösungen, die Sie ankündigen, muss der Kunde auch vorfinden.

Kulant sein: Neben dem tatsächlichen Schaden hat der Kunde auch einen emotionalen Schaden erlitten. Er hat sich aufgeregt, war enttäuscht oder verärgert. Somit sind Stresshormone durch seinen Körper gerauscht, und die haben ja in der Tat einen Schaden verursacht. Auch dies muss behoben werden. Das nennen wir Kulanz, und die tut ganz besonders gut. Überraschen Sie den Kunden also mit einer Kleinigkeit «on top», mit der er gar nicht gerechnet hat. Betrachten Sie dies als Investition in die Treue des Kunden bzw. als Beraterhonorar, denn Reklamationen sind externe Qualitätskontrolle. Kleinkariertheit und Knauserigkeit sind daher völlig fehl am Platz. Definieren Sie die wenigen Fälle, in denen Sie eine Forderung zurückweisen müssen.

Alles wieder okay? Vergewissern Sie sich, dass der Kunde mit Ihrer Reklamationsbearbeitung zufrieden gestellt wurde und dass alles nach Plan gelaufen ist. Signalisieren Sie, dass Sie ihn als Kunden behalten wollen («Ich würde mich sehr freuen, wenn Sie auch beim nächsten Mal wieder bei uns kaufen»).

In die Datenbank: Nehmen Sie *jede* Reklamation in die Kundenhistorie auf, so dass für alle Mitarbeiter auf den ersten Blick erkennbar ist, wer sich bereits wie oft und warum beschwert hat. Insbesondere der zuständige Verkäufer bzw. Betreuer muss über den Vorgang Bescheid wissen, damit er sich nicht beim nächsten Kontakt ein «blaues Auge» holt. Reklamierende Kunden sind sensibilisiert. Behandeln Sie sie daher in Zukunft mit besonderer Sorgfalt. Informieren Sie den Kunden über Verbesserungen und Neuerungen, deren Ideengeber er war. Bedanken Sie sich herzlich.

Der nächste Kauf: Bieten Sie dem Kunden baldmöglichst etwas zum Kauf an. Wie im wahren Leben reagieren wir nach einer angenommenen Entschuldigung meist wohlwollend und großherzig. Und schließlich: Vergewissern Sie sich im Rahmen einer Nachfass-Aktion, dass der Beschwerdeführer tatsächlich Ihr Kunde geblieben ist.

Die schriftliche Antwort: Verfassen Sie bei schriftlichen Beschwerden eine schnelle, individualisierte und sensibel auf das Problem eingehende Antwort – mit plausiblen Erklärungen. Textbausteine werden von aufgeklärten Kunden schon längst erkannt und als entwürdigend erlebt. Lassen Sie jemanden aus dem Topmanagement den Brief (mit) unterschreiben. Das schmeichelt. Versenden Sie gegebenenfalls einen Zwischenbescheid. Denn wie wir noch sehen werden: Schriftliche Reklamationen sind besonders gefährlich.

Analysen erstellen: Analysieren Sie systematisch die eingehenden Beschwerden auf Verbesserungspotenzial. Implementieren Sie eine zentrale Datenbank mit allen aufgetretenen Problemen sowie den gefundenen Lösungen. Erstellen Sie Statistiken mit den häufigsten Beschwerdegründen sowie periodische Vergleiche. Ermitteln Sie Kennzahlen, auch auf der Basis verschiedener Kundentypen. Bereiten Sie Reklamationsberichte grafisch auf und geben Sie diese an das Topmanagement weiter.

Aus Fehlern lernen: Erarbeiten Sie mit den betroffenen Mitarbeitern gemeinsam konkrete Handlungsempfehlungen und sichern Sie deren Umsetzung. Nutzen Sie das erworbene Wissen zur Prävention, so dass mögliche zukünftige Beschwerden bereits vorweggenommen werden können. Sorgen Sie für breite Akzeptanz. Definieren Sie in Abstimmung mit den entsprechenden Abteilungen Vorgaben und Jahresziele. Knüpfen Sie gegebenenfalls daran sinnvolle Prämien.

Ein effizientes EDV-gestütztes Beschwerdemanagement gilt als eine der wirkungsvollsten Stellschrauben zur Vorbeugung von Kundenfluktuation. Leider ist der Umgang mit Kundenbeschwerden auch heute noch in vielen Unternehmen eine große Baustelle. Hohe Kundenverluste sind damit vorprogrammiert.

2.2.1.3. Gewinnersprache bei Reklamationen

Worte sind wie Pfeile: Erst einmal abgeschossen, kann man sie nicht mehr zurückholen. Sie treffen voll ins Schwarze, manchmal aber auch grob daneben. Gerade während der Bearbeitung von Reklamationen und Kunden-Reanimationen gilt es, mit Sprache achtsam umzugehen. In der folgenden Übersicht finden Sie Formulierungen aus dem Verlierer- und Gewinner-Vokabular.

Wählen Sie Ihre Worte mit Bedacht – vor *und* hinter den Kulissen! Es gibt keine Horrorkunden, keine Reklamationszicken und keine Nullchecker. Jeder reklamierende Kunde ist ein Ideengeber und kostenloser Unternehmensberater – und daher äußerst wertvoll. Bedenken Sie: Negative Worte führen zu negativer Denke, positive Worte zu positivem Verhalten. Bei unangenehmen Worten braucht übrigens unser Hirn mehr Zeit zur Verarbeitung als bei ansprechender Wortwahl. Wahrscheinlich, um mögliche Gefahren, die in Ersteren stecken, genau zu analysieren.

Auch wenn Sie selbst nicht der Verursacher der zugrunde liegenden Panne waren, übernehmen Sie Verantwortung. Sprechen Sie Ihr Bedauern persönlich aus, also: «Es tut mir Leid», und nicht: «Es ist bedauerlich». Betrachten Sie sich als Eigner des Vorgangs und begleiten Sie diesen bis zum (hoffentlich) positiven Abschluss.

Und wenn es mal so richtig schwierig wird in der Kommunikation? Dann sagen Sie einfach, wie es Ihnen gerade geht. Das nennt man eine «Ich-Botschaft» («Herr xx, ich möchte Sie wirklich gerne als Kunden behalten. Bitte sagen Sie mir, was wir noch tun können»). Gefühle und damit die eigene potenzielle Verletzbarkeit zu zeigen bedeutet: Abschied zu nehmen vom Supermann-Image des Starverkäufers – und Mut. Und genau damit öffnen sich womöglich Tür und Tor für einen fruchtbaren zwischenmenschlichen Dialog. Und man erhält endlich seine zweite Chance.

Verlierersprache	Gewinnersprache
• Das ist ein Riesenproblem!	• Herausforderung, Frage, Aufgabe, Anliegen
• Regen Sie sich bloß nicht so auf!	• Ich kann verstehen, Ihnen nachfühlen, dass ...
• So schlimm ist das auch wieder nicht!	• Ich kann mir gut vorstellen, dass Sie das ärgert.
• Sie haben mich falsch verstanden!	• Da hab ich mich unklar ausgedrückt.
• Dafür bin ich nicht zuständig!	• Ich kümmere mich sofort darum.
• Das geht nicht! Völlig ausgeschlossen!	• Ich werde mein Möglichstes tun.
• Sie müssen ... Sie dürfen auch nicht ...	• Ist es Ihnen recht ...? Kann ich vorschlagen ...?
• Sie irren sich! Das ist komplett falsch!	• Da ist wohl leider ein Missverständnis passiert.
• Ich versuche, Ihnen gerade zu erklären ...	• Mit anderen Worten ...
• Wie ich Ihnen schon einmal sagte ...	• Wie gut, dass Sie noch einmal danach fragen!
• Das kann ja mal vorkommen!	• Das tut mir Leid. Bitte entschuldigen Sie!
• Wir haben schon Schlimmeres überstanden!	• Bitte, ich brauche da Ihre Hilfe.
• Da kann ich Ihnen auch nicht helfen!	• Das ist wichtig! Ich rufe sofort unseren Herrn ...
• Da hat mein Kollege was Falsches gesagt.	• Ich hole Ihnen sofort die richtigen Informationen.
• Das passiert bei uns ständig!	• Weil ..., ist das leider passiert.
• Sie sind der Einzige/Erste, der das sagt!	• Ich informiere mich sofort und rufe bis ... zurück.
• Die XX-Abteilung kriegt nie was auf die Reihe!	• Ich kümmere mich persönlich darum.
• Sie sind nicht der Einzige, der hier Schwierigkeiten hat ...	• Es tut mir Leid, dass ausgerechnet Ihnen das passiert ist.

2.2.1.4. Unfaire Kunden?

«Jeder ist doch nur noch auf seinen eigenen Vorteil aus», höre ich enttäuschte Unternehmer sagen. «Es wird gelogen und betrogen, dass sich die Balken biegen, und jeder ist sich selbst der Nächste.» Ja, leider, solche Leute gibt es. Und wenn die Zeiten rauer werden, gibt es deutlich mehr davon.

Die Überweisungsquittung gilt manchen schon als Freifahrschein, sich so einiges herauszunehmen. Es gibt Absahner und Abzocker, die sich – ohne ein schlechtes Gewissen zu haben – auf Ihre Kosten bedienen. In Zeitungen und Zeitschriften kann jeder Interessierte heutzutage nachlesen, mit welchen miesen Tricks man vorzugehen hat. Im Internet kursieren sehr brauchbare Tipps, wie man sich unrechte Vorteile verschafft. Einschlägige Formbriefe lassen sich problemlos herunterladen.

Allerdings: Einige Branchen haben sich Nassauer geradezu herangezüchtet. Wenn Kündiger mit Rückgewinnungsangeboten, Sondertarifen, Prämien und interessanten Extras regelrecht überschüttet werden, nutzen diese jede Chance, ihre Verträge zu beenden. Denn sie können damit rechnen, dass ein weiterer Rückgewinnungsversuch unternommen wird, der wiederum Vorteile bringt. Die, die sich bei diesem Spiel ziemlich dumm vorkommen, sind die Braven, die ihrem Anbieter jahrelang die Treue halten. Denn die bekommen nichts.

«Seit acht Jahren war ich Kunde unserer Lokalzeitung, sogar im Urlaub reiste sie mir hinterher. Und dann sah ich in der Abo-Werbung diesen tollen Koffer. Anstatt zu kündigen und mit Hilfe meiner Schwiegermutter ein neues Abo abzuschließen, rief ich im Verlag an, um zu fragen, ob man mir als treuem Stammkunden diesen Koffer nicht einfach schenken könne. Meine ‹Unverschämtheit› traf auf schiere Entrüstung», erzählt ein enttäuschter Kunde.

Ein Geschäftskunde berichtet: «Ich hatte Ärger mit meinem Mobilfunkanbieter, weil die gebuchten Tarife nicht mit unseren Endgeräten zusammenpassten. Verschiedene Reklamationen waren erfolglos, ein Reklamationsschreiben blieb unbeantwortet. Erst nach der kompletten Kündigung all unserer Verträge meldete sich eine Dame mit zuckersüßer Stimme und bot uns einen Termin vor Ort an. Wir wurden auf eine supergünstige Flatrate umgestellt. Fazit: Geht doch! Man muss nur kündigen.»

Es gibt auch Unternehmen, die könnten sich ruhig einmal ehrlich fragen, ob ihre Kunden nicht allen Grund für eine späte Rache haben. Und selbst, wenn Sie einem echten Abzocker aufsitzen: Bleiben Sie gelassen. Denken Sie an die 98 Prozent ehrlichen Kunden, die Sie begeistern und damit halten können. Was nützt es, die kleine »Gaunerei« des Kunden zu entlarven, wenn am Ende dabei ein Riesenumsatz auf der Strecke bleibt? Mit «augenzwinkernder» Toleranz kommt man meist viel weiter.

Einige Firmen – wie etwa das durch seine lebenslange 100-Prozent-Garantie bekannt gewordene Versandhaus Land's End – sind dazu übergegangen, fast jede vorgetragene Reklamation grundsätzlich anzuerkennen. Sie sparen sich hierdurch einen Haufen Negativ-Energie, jede Menge Administration und fördern die Entbürokratisierung ihres Unternehmens. Sie machen komplexe Dinge einfach – und damit sich selbst und dem Käufer das Leben angenehm.

Manche Kunden geben nur vor, wechseln zu wollen, und drohen mit einem günstigeren Konkurrenzangebot. Prüfen Sie das sehr sorgfältig. Kundenfokussierung bedeutet nicht, dem Kunden alles zu schenken, was sich dieser erbettelt. Oder sich erpressen zu lassen, wenn der Kunde mit «Liebesentzug» droht. Wie weit Sie den Kunden gewähren lassen, ist im Einzelfall festzulegen. Es endet wohl dort, wo Vorsatz und Betrug offensichtlich sind und mehrfach vorkamen. Fragen Sie sich, ob Sie mit solchen Menschen auf Dauer Geschäfte machen wollen, und sprechen Sie das – in einem sachlichen Ton – ruhig aus.

Es wird auch immer ein paar wenige geben, denen können Sie einfach nichts recht machen, die brüllen immer rum. Zuerst muss man sich natürlich fragen, ob man die nicht so erzogen hat, weil leise Töne nicht geholfen haben. Oder weil eine Reaktion immer erst nach einem bühnenreifen Auftritt, bei Drohung mit der Presse bzw. dem Anwalt erfolgte. Wenn aber wirklich Schikane im Spiel ist: so schnell wie möglich loswerden, so jemand soll sich woanders austoben. Ihre Mitarbeiter werden es Ihnen danken. Nur: Wählen Sie einen eleganten Ausstieg, damit der Negativeffekt nicht zu groß wird.

2.2.2. Die Kündiger

In formalisierten Geschäftsbeziehungen muss der zugrunde liegende Vertrag fristgerecht gekündigt werden. Damit es gar nicht so weit kommt, ist Kündigungsprävention angesagt. Das bedeutet: den Kunden bei der Vertragsverlängerung nicht allein zu lassen, ihn also vor Ablauf der Vertragslaufzeit zu kontaktieren. In Branchen mit typischerweise hohen Fluktuationsraten ist solches Vorgehen besonders sinnvoll.

Hat ein Kunde (dennoch) gekündigt, eröffnen sich dem Unternehmen zwei Möglichkeiten, zu reagieren:

Sofort: Verträge haben in aller Regel eine Kündigungsfrist. Zwischen Kündigung und Vertragsende liegt demnach eine angemessene Zeit, in der man reagieren kann. Nicht immer wurde bereits ein neuer Vertrag unterschrieben. Somit ergibt sich für den Kunden die Möglichkeit, seine Kündigung rückgängig zu machen.

Viel später: Für den Fall, dass der Kündiger bereits einen neuen Vertrag unterschrieben hat, lässt sich das Ende der neuen Vertragszeit ermitteln. Nun bleibt man mit dem Abtrünnigen in Kontakt, um ihn rechtzeitig vor Vertragsende wieder anzusprechen. Vielleicht ist unser Ex-Kunde ernüchtert von seiner neuen Wahl, der «Honeymoon-Effekt» ist vorbei, und er weiß endlich zu schätzen, was er einst an uns hatte.

Viele Unternehmen errichten Wechselbarrieren (lange Vertragslaufzeiten, hohe Stornokosten etc.), um ihren Kunden das

Abwandern so schwer wie möglich zu machen. Solches Vorgehen will gut überlegt sein, denn es widerspricht den Individualisierungstendenzen und dem damit verbundenen zunehmenden Freiheitsdrang der Menschen von heute. Hohe Wechselkosten in Form von Zeit und Geld sorgen nur scheinbar für Treue und sind somit eine trügerische Illusion. Im Geiste hat sich der Kunde schon längst verabschiedet, er sucht nur noch nach der passenden Gelegenheit. Oder er konstruiert sich eine. Oder er kommt wegen der Wechselbarrieren nicht wieder zurück.

2.2.2.1. Die Kündigung bestätigen

Bestätigen Sie die Kündigung nicht postwendend. Machen Sie zunächst einen Rückholversuch. Je schneller Sie dabei reagieren, umso besser. Eine Spendenorganisation sammelt beispielsweise alle schriftlichen Kündigungen einer Woche und gibt diese dann an einen Dienstleister zum Nachtelefonieren weiter. Von Montag bis Samstag der Folgewoche führt die Agentur Rückgewinnungsgespräche durch. Erst in der Woche darauf gehen an die nicht reaktivierten bzw. nicht erreichten Personen die Kündigungsbestätigungen raus. Eine Telefonaktion sah so aus:

- zur Verfügung gestellte Dateien: 10 975
- erreichte Personen 8736 (= 79,6 %)
- Anzahl der Reaktivierungen 1440 (= 16,5 %)
- Beitragsmehreinnahmen p. a. 55 301 Euro
- Mittelwert pro Person 38,40 Euro

Formales muss sein, es lässt sich aber durchaus mit Freundlichkeit verbinden. Lesen Sie also einmal aufmerksam das Anschreiben durch, das Sie verwenden, um den Eingang einer Kündigung zu bestätigen. Ist es ein liebloser, mürrischer, in Amtsdeutsch gehaltener Formbrief? Viele Kündigungsbestätigungen sind, weil maschinell erstellt, nicht einmal unterschrieben! Stellen Sie sicher, dass der womöglich letzte Eindruck, den der Kunde von Ihnen erhält, ein positiver ist. Dem Kunden muss es beinahe Leid tun, dass er die Entscheidung getroffen hat, Sie zu verlassen. Lesen Sie hierzu auch die Hinweise für das schriftliche Rückgewinnungsgespräch in Kapitel 4.

Sagen Sie dem Kunden, dass Ihre Türen jederzeit für ihn offen stehen. Natürlich nur, wenn Sie diesen Kunden tatsächlich gerne zurückhaben wollen. Kunden, deren Kündigung ohne weitere Bemühungen angenommen wird, fühlen sich schlecht, denn man signalisiert ihnen, dass sie nicht von Bedeutung sind. Kunden, die erleben, dass das Unternehmen einen Rückholversuch startet, fühlen sich gut, denn dies signalisiert: Lieber Kunde, Sie sind uns wirklich wichtig.

3. Die Analyse der Verlustgründe

Nicht alle Ex-Kunden sind auf immer und ewig verärgert. Und nicht immer ist ein schlechtes Produkt daran schuld. Vielleicht sorgte ein Missverständnis für das Abwandern – und das ist schnell geklärt. Oder der geliebte Ansprechpartner des Kunden hatte gekündigt – suchen Sie ihm einen netten neuen. Oder er bekam nicht genug persönliche Aufmerksamkeit – kümmern Sie sich endlich um ihn. Oder ein Mitarbeiter war inkompetent und unfreundlich – und der ist inzwischen entlassen.

Oder liegt es etwa an äußeren Faktoren? An der Globalisierung, der Homogenität der Angebote, der Transparenz im Internet? An Mängeln in der Unternehmensstrategie, an Änderungen im Kaufverhalten, am Sparzwang der Unternehmen oder am Preisverfall in der Branche? Die üblichen Verdächtigen, wie es scheint. Auch daran lässt sich was ändern!

Oft sind Verkäufer viel zu sehr damit beschäftigt, Neukunden an Land zu ziehen. Kaum ist dann der Vertrag in trockenen Tüchern, erlahmt das Interesse. Dies konstatiert selbstverständlich auch der Kunde – und reagiert mit einem Lieferantenwechsel. Übereifrige Neukunden-Verkäufer bemerken meist nicht einmal, dass die Konkurrenz ihnen bereits kräftig die «alten» Kunden abspenstig macht.

Nicht wenige Kunden wollen mit einem Wechsel ihre Geschäftspartner für ein vermeintliches Fehlverhalten «bestrafen» – und der Ärger ist womöglich inzwischen verflogen. Oder Ihr Unternehmen ist schlichtweg in Vergessenheit geraten – weil Sie sich nicht mehr gemeldet hatten. Der eine oder andere Kunde wollte ganz einfach einmal etwas Neues ausprobieren – und ist gar nicht so glücklich damit. Manche konnten dem Billigangebot des Mitbewerbers nicht widerstehen – und wollen sich nun nicht eingestehen, dass sie auf die Nase gefallen sind. Wer gibt schon gerne seine eigenen Fehler zu? Also: Warten Sie nicht auf ein Wunder – tun Sie den ersten Schritt.

Viele Kunden sind auch nach einem Wechsel noch gesprächsbereit. Oft ist ein gewisses Wohlwollen dem Ex gegenüber weiterhin vorhanden. Und mit etwas Abstand aus der Ferne betrachtet, war der Alte gar nicht so schlecht. Häufig sind es nur Bagatellen, die zu Verärgerung und Enttäuschung und damit schließlich zum Abwandern von Kunden führten. All dies herauszufinden ist Aufgabe der Ursachenforschung.

3.1. Ursachenforschung

Die Ursachenforschung will die genauen Gründe der Kundenfluktuation aufspüren. Doch Achtung: Hinter den vielfach gerne vorgetragenen rationalen Argumenten und handfesten Schwierigkeiten verbergen sich oft ganz andere, die wahren Gründe: nämlich zwischenmenschliche Interaktionsprobleme. Und nur, wer diesen wahren Gründen auf die Spur kommt, findet auch das Türchen zur zweiten Chance beim Ex.

3.1.1. Den wahren Gründen auf der Spur

Die wahren Gründe für das Abwandern von Kunden liegen vielfach – gut getarnt hinter rationalen Argumenten – im emotionalen Bereich. In einer repräsentativen Umfrage unter 1000 Personen im Internet, die kürzlich von den Hamburger Marktforschern des DPM-Teams durchgeführt wurde, berichteten die Befragten offen und detailliert, aus welchen Gründen sie Kundenbeziehungen zu verschiedenen Unternehmen endgültig beendet haben (Mehrfachnennungen möglich):

- 38,2 % Unfreundlichkeit und mangelnde Höflichkeit der Verkäufer und Berater
- 30,4 % Inkompetenz, Unwissenheit oder Unkenntnis der Materie
- 27,4 % zu lange Wartezeiten – am Telefon oder vor Ort
- 24,6 % allgemeine Ignoranz und Desinteresse am Kunden
- 11,0 % das deutliche Ausstrahlen von schlechter Laune und Lustlosigkeit
- 6,7 % arrogante Behandlung, von oben herab

Kundenverluste haben viel seltener etwas mit Preisen zu tun, als allgemein angenommen wird. «Zu teuer» ist ein wunderbarer Vorwand für beide Seiten: Für den Kunden, damit er seine emotionale Verletztheit nicht offen legen muss. Und für den Betreuer, um sich aus der persönlichen Verantwortung zu stehlen. Doch nur wer die wahren Fluktuationsursachen kennt, kann die richtigen korrigierenden Maßnahmen einleiten.

So erbrachte eine Untersuchung der Forum-Marktforscher aus Mainz, dass nicht die Konditionen, sondern kommunikative und zwischenmenschliche Faktoren die Hauptgründe für tiefe Zufriedenheitswerte bei Ex-Bankkunden waren. Übrigens hatten nur 5 Prozent aller Kunden, aber 14 Prozent aller Ex-Kunden sich bereits bei ihrer Bank beschwert. Die jeweils letzte Beschwerde erfolgte bei den bestehenden Kunden zu 13 Prozent, bei den Ex-Kunden zu 29 Prozent per Brief. Eine schriftliche Beschwerde heißt also: fünf vor zwölf.

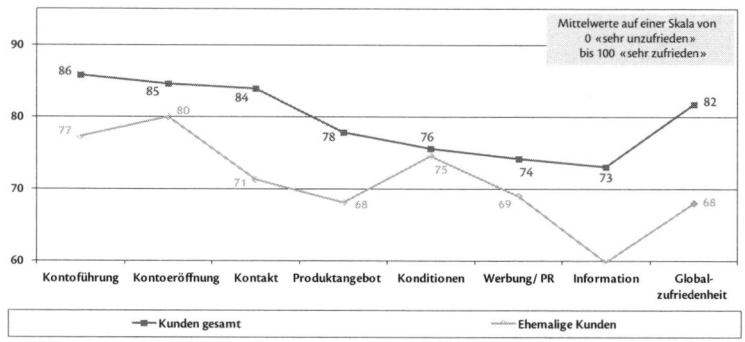

Abb. 3: Repräsentative telefonische Umfrage bei Kunden einer Bank zur Zufriedenheit mit einzelnen Leistungsbereichen. Befragt wurden 902 Kunden, davon 60 Ex-Kunden. Quelle: forum! marketing und communications, 2005.

Angeblich treffen – wenn man den Verkäufern glaubt – Einkäufer ihre Entscheidungen fast nur noch über den Preis. Wer einen Kunden verliert, macht dafür gern seine nicht konkurrenzfähigen Konditionen verantwortlich. Fragt man nun die Einkäufer, kommen ganz andere Gründe zutage. Und die haben weit weniger mit dem Preis zu tun, als allgemein angenommen. Beispielsweise erbrachte eine kürzliche Untersuchung des VDMA (Verband deutsche Maschinen und Anlagebau) folgende Gründe für einen Lieferantenwechsel im Maschinen- und Anlagebau:

- 65 % wegen Unzufriedenheit mit dem Service während der Nutzungsdauer
- 20 % weil technisch bessere Produkte verfügbar waren
- 15 % wegen günstigerem Konkurrenzangebot

Diese Ergebnisse mögen auf den ersten Blick überraschen, erwartet man eine hohe Serviceaffinität doch eher bei Dienstleistern als in produzierenden Unternehmen. Doch wie so oft zeigen auch hier die Kunden den Weg: In Zukunft kann die Investitionsgüter-Industrie nur dann bestehen, wenn sie die Welt ihrer Produkte mit Servicekomponenten, mit einer kundenfokussierten Kommunikation sowie mit Emotionen aufzuhübschen versteht.

Nur: Dies hat sich bei weitem noch nicht überall herumgesprochen. Nach wie vor steht das (darüber hinaus oft austauschbare) Produkt mit seinen technischen Merkmalen im Mittelpunkt. Selbstverliebte Produktfotos – und nicht die Welt des Kunden – zieren die Kataloge.

Blättern wir beispielsweise einmal durch das Prospektmaterial für einen Kran. Da steht er in seiner ganzen Pracht, von unten fotografiert, schön und neu ragt er beeindruckend in den stahlblauen Himmel, dominiert die riesige Baustelle. Zahlensalat erläutert seine Dimensionen und prahlt von der Ingenieurskunst des Herstellers. Im Führerhaus ist kein Mensch zu erkennen. Dem frisch gebackenen Kranführer mag sein Unterbewusstsein unhörbar leise zuflüstern: «Du bist ein kleines Nichts da ganz weit oben, einsam und verlassen, der bei jedem Sturm zu Tode stürzen kann.» Und was wird er sagen? «Zu teuer, das Teil. Und der alte tut's doch noch 'ne Weile.»

Wie aber lässt sich der Kran emotionalisieren? Indem man den Kranführer im Führerhaus ganz groß herausbringt. Und zeigt, wie er die High Tech mit links beherrscht – und so die Baustelle souverän meistert. In die Computersimulation am PC kann gar das Gesicht des potenziellen Kunden hineinmontiert werden. Ob das wohl die Entscheidungsfreude steigert? «Das macht doch keinen Unterschied», werden Rotstift schwingende Controller nun sagen. Ich kann Ihnen versichern: Es macht einen Unterschied. Wenn man es subtil und eindrücklich herauszustellen weiß.

Wenn unser Hirn sich Bilder anschaut, sucht es darin immer zuerst nach Menschen. Menschen haben Vorrang vor Dingen. Gesichter haben Vorrang vor Ganzkörper-Darstellungen. Und Augen haben Vorrang vor allem anderen. Denn Augen verraten uns: Freund oder Feind. Wer allerdings diese Zusammenhänge nicht kennt und immer nur über seine Preise spricht, der braucht sich nicht zu wundern, wenn Kunden nur noch nach den Preisen fragen.

Wenn ich technische (und andere) Verkäufer frage, weshalb ich denn ausgerechnet ihr Erzeugnis kaufen soll, werde ich in epischer Länge und Breite aufgeklärt, werden mir Zahlen- und Faktenkolonnen um die Ohren gehauen, langweilt man mich mit selbstbeweihräuchernden Präsentationen fast zu Tode. Halt! Nicht alles, was das Unternehmen kann und das Produkt zu leisten vermag, möchte der Kunde wissen oder haben. Ihn interessiert nur eins: die Behebung seines akuten Problems.

Er will sofort erkennbaren Nutzen und monetär rechenbaren Mehrwert. Und vor allem ein gutes Gefühl, wenn er schließlich die Entscheidung trifft. Wenn Sie das sauber herausarbeiten können: prima! Dazu ist zunächst zu klären, welche brennenden Themen den Kunden gerade bewegen, was er wirklich braucht, was ihm hilft, erfolgreich zu sein. Fragen statt sagen – so heißt die magische Formel. Und dann: Augen und Ohren auf beim Hinhören. Also nicht nur auf rationale Darlegungen, sondern auch auf unterschwellige, emotionale Hinweise achten, geduldig sein und weiter fragen. So entdecken Sie vielleicht das alles entscheidende Detail, das dem Wettbewerber verborgen blieb.

Alexander Michelfelder führte im Rahmen einer Diplomarbeit zusammen mit der 3hm Automotive GmbH eine empirische Studie zur Feststellung der Fluktuationsgründe in einem Autohaus durch. Dabei fragte er auch, was Ex-Kunden zur Rückkehr veranlassen könnte. Etwa 50 Prozent wünschten sich kundenindividuelle Offerten und ein größeres Angebot an kundenorientierten Service-Leistungen. Lediglich 14 Prozent sahen keinerlei Veranlassung zur Rückkehr. Auf die Frage, was andere Autohäuser besser machten, nannten mehr als ein Drittel der Befragten die Freundlichkeit und Zuverlässigkeit der Mitarbeiter. Lediglich 10 Prozent bezogen sich auf das Preis-Leistungs-Verhältnis.

3.1.2. «Zu teuer» ist oft nur ein Vorwand

Vergleichbare Untersuchungen in allen möglichen Branchen fördern immer wieder Folgendes zutage: Der Preis als Unzufriedenheitsfaktor und Abwanderungsgrund wird deutlich überbewertet. Die Soft-Skills dagegen, also die vom Kunden gefühlten emotionalen Leistungen der Mitarbeiter wie etwa Freundlichkeit, Achtsamkeit und Wertschätzung, werden von Unternehmen dramatisch unterbewertet.

«Zu teuer», wird der Kunde genüsslich sagen, wenn Sie ihm im Verlauf der Geschäftsbeziehung nicht genug Aufmerksamkeit und Anerkennung gezollt haben, weil Sie zu sehr mit sich selbst beschäftigt waren. «Zu teuer», wird der Kunde sagen, wenn Sie an seinen Bedürfnissen vorbeiargumentiert haben oder wenn eine Reklamation nicht zu seiner Zufriedenheit geregelt wurde.

«Zu teuer» ist vielleicht die Strafe des Einkäufers, den sie nicht mögen, den Sie für einen Abzocker oder Nullchecker halten, den Sie falsch und verschlagen finden, den Sie bei internen Meetings gern als Horrorkunden präsentieren. Denn Ihre Gestik und Mimik wird Ihre Einstellung verraten. Und der Einkäufer wird sich dafür an Ihrer schwächsten Stelle rächen: beim Preis!

Wer also öfter im Preisgespräch scheitert, sollte sich fragen, was das möglicherweise mit ihm selbst zu tun hat. Dies ist zweifellos der schmerzlichere Weg, denn es ist ja so leicht, ständig die Außenwelt, also die eigenen Kollegen, die schwierigen Kunden oder den unfairen Wettbewerb zum Sündenbock zu erklären. Der Preis ist die Achillesferse des Verkäufers. «Zu teuer» ist ein überaus praktischer Vorwand – eine Vorwand im wahrsten Sinne des Wortes –, um die wahren Motive zu verschleiern.

Verkäufer, die glauben, dass Kunden nur wegen günstiger Preise kaufen, blockieren sich im Kopf für alle anderen kreativen Lösungsmöglichkeiten, denn sie signalisieren dem Hirn: kein Grund, sich anzustrengen, spar dir die Energie. Leichtfertig vergebene

Rückkehrrabatte sind oft nur ein Ausdruck von Ideenlosigkeit und mangelhafter Beschäftigung mit dem, was den Kunden wirklich bewegt – in rationaler und emotionaler Hinsicht. Und: «Wir waren dem Kunden ganz einfach zu teuer!» ist eine von vielen Verkäufern gern gewählte Schutzbehauptung, um eigene Unfähigkeit zu verbergen.

Und hier kommt Ihre Strategie, wenn Sie das Gefühl haben, «zu teuer» sei nur ein Vorwand. Zunächst: Sie würdigen den Preis. Viele Verkäufer machen den Fehler, den Preis klein und schlecht zu reden. Damit fordern sie den Kunden geradezu auf, seinen Preisstandpunkt zu verteidigen. Werfen Sie besser ein «Steinchen» hinter die Vorwand, um zu sehen, was da im Verborgenen ist.

Das hört sich in etwa so an: «Ja genau, der Preis spielt heutzutage eine immer stärkere Rolle. Erst neulich las ich, dass Ihr Unternehmen ein intensives Kosten-Sparprogramm fährt. Also, neben dem Preis, der ja zugegebenermaßen ein wichtiger Punkt ist, gibt es denn weitere Gründe, die dazu geführt haben, dass Sie nicht mehr mit uns zusammenarbeiten wollen?» Bringt der Kunde nun weitere Ausflüchte, haben Sie sich, weil Sie «Gründe» gesagt haben, ein Türchen offen gehalten und können noch mal hinterfragen: «Okay, einverstanden. Und neben …, gibt es da womöglich noch etwas?»

Wenn Ihnen diese Taktik nicht gefällt oder nicht passend erscheint, können Sie auch mit dem Als-ob-Szenario arbeiten. Das klingt dann in etwas so: «Nur mal so angenommen, der Preis würde überhaupt keine Rolle spielen, gibt es dann noch weitere Gründe, die Sie veranlassten, sich von uns abzuwenden?»

Wenn nun der Kunde bei seiner Zu-teuer-Version bleibt? Bohren Sie nicht weiter. Vielleicht erahnen Sie ja dennoch die wahren Gründe für das Abwandern der Kunden. Aus Misserfolgen kann man eine Menge lernen. Wer offen und ehrlich seine Kundenverluste analysiert, wird Entdeckungen machen, die manch schön zurechtgelegte Hypothese ad absurdum führen.

3.1.3. Die heimlichen Gründe der BtoB-Entscheider

Es ist ein großer Irrtum, zu glauben, Business-Kunden würden ein Unternehmen aus rein rationalen Gründen verlassen. Allerdings sind Abtrünnige auch ziemlich clever, ihre gefühlsmäßig getroffenen Entscheidungen mit solchermaßen aufbereiteten Zahlen, Daten und Fakten zu überdecken, dass daran nicht zu rütteln ist. Weil sie sich unglaublich plausibel anhören. Mithilfe betriebswirtschaftlicher Kennziffern und aufwändiger Kalkulationen wird locker bewiesen, was es zu beweisen galt: Der Neue ist besser.

Wie bitte? Bei Ihrem supersachlichen Einkäufer ist das ganz anders, sagen Sie? Das wage ich zu bezweifeln, denn am Ende des Tages sitzen immer Menschen am Verhandlungstisch: vorsichtige, eitle, waghalsige, enttäuschte, ehrgeizige, verletzte … Sie haben positive und negative Erfahrungen gemacht, sie bringen gute oder schlechte Laune mit ins Gespräch, auch bei ihnen schwingt das Hoch und Tief der Emotionen.

Selbst die scheinbar so nüchtern wirkenden, in unterkühlten Vorstandsetagen getroffenen strategischen Entscheidungen haben in hohem Maße mit Emotionen zu tun: mit persönlichen Eitelkeiten, mit Prestige, mit Macht, mit Reviergehabe, mit Positionskämpfen – und mit dem beruflichen Überleben. Mit panzerartigen Westen, hoch geschlossenen Krawatten und metallbewehrten Manschetten versucht unsere Wirtschaftselite, alle Emotionen draußen zu lassen – und die Emotionen siegen doch!

Gerade Top-Entscheider sind weit weniger intellektgesteuert und ergebnisgetrieben, als es zunächst den Anschein hat. Auch wenn sie das noch so verbergen wollen. Fragen Sie sich also bei der Vorbereitung auf Reaktivierungsgespräche mit Führungsgremien nicht nur: Was müssen die Entscheider wissen? Sondern auch: Was wollen sie hören?

Wenn Ihr Gesprächspartner im Auftrag seines Unternehmens handelt, kommen immer zwei unterschiedliche Nutzen-Zielrichtungen ins Spiel: sein persönlicher Nutzen und der des Unternehmens. Denn so sehr auch die Interessen des Unternehmens im Vordergrund stehen mögen, jeder ist sich selbst der Nächste. Das heißt, jeder vertritt zunächst eigene Interessen – ohne dass er dies gleich zugeben wird.

Die Devise lautet: Erst ich, dann wir! Das klingt ein wenig egoistisch, ist aber von der Natur ganz clever gemacht. Denn nur, wenn es mir gut geht, kann ich schließlich der Gemeinschaft dienlich sein. Die Airlines haben das prima erkannt. So heißt es bei der Demonstration der Sicherheitsvorkehrungen zum Thema Sauerstoffmasken: «Im Falle eines unwahrscheinlichen Druckverlusts in der Kabine fallen automatisch Sauerstoffmasken aus der Kabinendecke. Ziehen Sie eine zu sich heran, ziehen Sie diese über Mund und Nase, atmen Sie ein und helfen Sie *dann* Mitreisenden und Kindern.»

Unterschätzen wir also nicht die latenten Ängste, die einen Angestellten belasten, sobald er eine Entscheidung für sein Unternehmen zu treffen hat:

- Angst vor Fehlern und Pannen
- Sorge um den Verlust eines Bonus
- Befürchtung, sein Budget zu sprengen
- Furcht vor Imageverlust
- Besorgnis wegen Mehrarbeit
- Sorge um die nächste Gehaltserhöhung
- Gefährdung einer Beförderung
- Angst vor Kündigung

Wer dies bedenkt, wird in seinen Rückgewinnungsgesprächen behutsam vorgehen und durch gut gewählte Fragen auch diese Aspekte zu klären versuchen.

3.2. Methoden der Verlust-Analyse

Es gibt, wie wir gerade sahen, eine ganze Reihe von Ursachen, die den Kunden veranlassen, abzuwandern. Wer nicht täglich neu in Erfahrung bringt, was seine Kunden wollen und brauchen, produziert am Markt vorbei. Denn die Vorstellungen der Kunden ändern sich schnell. Gerade abgewanderte Kunden können uns helfen, zu erkennen, wo genau unsere Stärken und Schwächen liegen. Bereits der interessierte Blick auf Kündigungsschreiben und Reklamationsstatistiken bietet einen reichen Fundus, um etwaige Abwanderungsursachen aufzuspüren. Wer es genauer wissen will, befragt seine Kunden.

Solche Untersuchungen können schriftlich, telefonisch, persönlich oder online erfolgen. Diese werden je nach Bedarf sporadisch geführt oder als sogenannte Exit-Interviews institutionalisiert. Bei Unternehmen mit großen Kundenstämmen lassen sich repräsentative Erhebungen machen. Sie können selbst organisiert oder von einem spezialisierten Befragungsinstitut durchgeführt werden. Erhebungen durch Externe erzeugen oft ehrlichere Ergebnisse, während die von eigenen Mitarbeitern durchgeführten Untersuchungen mehr in die Tiefe gehen können und auch eher Betroffenheit auslösen. Gut geeignet für solche Untersuchungen sind Mitarbeiter aus dem Beschwerdemanagement. Schlecht geeignet – weil befangen – sind die unmittelbaren Betreuer des Kunden, zumal dann, wenn sie mit dem Abwanderungsgrund zu tun hatten.

Am Anfang solcher Aktivitäten werden die folgenden Überlegungen stehen:

- Welche Ziele wollen wir mit der Befragung erreichen?
- Was genau möchten wir von den abgewanderten Kunden wissen?
- Welche Kunden wollen wir befragen? Und wollen wir uns vorab deren Okay einholen, damit sie sich nicht überfallen fühlen?

- Welches ist die geeignete Befragungsmethode? Wer führt sie durch? Und wie kommen wir zu relevanten Ergebnissen?
- Wie (zügig) sollen die Resultate aufbereitet, interpretiert und präsentiert werden? Wer soll sie erhalten?
- Wer erstellt die anschließenden Aktionspläne? Wer setzt sie um und wer kontrolliert die Ergebnisse?
- Wie werden die Mitarbeiter in den kompletten Ablauf integriert?
- Wie erfahren die Kunden von den Verbesserungsprozessen?

«Wer nur Bestnoten ertragen kann, lässt besser die Finger von Befragungen und gibt dem Kunden keine Chance, seine Meinung ausführlicher darzustellen», sagt Andrea Brändli, Chefredakteurin der Zeitschrift *Direkt Marketing*. Mit jeder Kundenbefragung kommt womöglich sehr Unangenehmes zutage. Und jede Befragung weckt auch Erwartungen. Denn wer seine Meinung kundtut, will sichtbare Veränderungen in den Leistungsprozessen oder im Verhalten der Mitarbeiter. Er will Reaktionen auf geäußerte Wünsche oder angesprochene Mängel. Und er wünscht sich eine Geste des Dankes. Denn er hat seine kostbare Zeit verschenkt und oft auch wertvolle Anregungen gegeben, die das Unternehmen weiterbringen.

3.2.1. Schriftliche Kundenbefragungen

Schriftliche Befragungen sind etwas für Unternehmen mit riesigen Kundenbeständen – oder für Feiglinge. Wer dem Kunden einen Fragebogen schickt, braucht ihm nicht ins Gesicht zu schauen, wenn der seinen Erfahrungsbericht abgibt. Andererseits könnte auch der eine oder andere Kunde geneigt sein, sein Missfallen lieber anonym kundzutun.

Schriftliche Kundenbefragungen dauern lange. Von der Konzeption bis zur Auswertung vergehen oft Wochen. Dagegen zählt beim Versuch, den Kunden zurückzugewinnen, jeder Tag. Und:

Die Rücklaufquoten sind meist sehr niedrig. Denn es macht Arbeit, alles auszufüllen. Viele Fragen sind für den Kunden nicht relevant. Oder der Fragebogen ist einfach zu lang. Wenn Sie es trotzdem lieber schriftlich machen: Eine Seite sollte reichen. Stellen Sie höchstens fünf Fragen – mit Kästchen zum Ankreuzen. Vier Kästchen sind besser als fünf. Denn viele Menschen legen sich nicht gerne fest und kreuzen daher die Mitte an. Bei vier Kästen erhalten Sie wenigstens eine Tendenz, sei sie nun positiv oder negativ. Lassen Sie am Ende viel Platz für individuelle Kommentare. Dieser Teil – er ist der wertvollste – könnte die Überschrift tragen: Was ich Ihnen noch sagen wollte.

Oder machen Sie einen Fragebogen mit offenen Fragen und Linien zum Reinschreiben. Solche Fragen können sich wie folgt anhören:

- Was ist der Hauptgrund, weshalb Sie uns verlassen haben?
- Was hat Sie bei uns besonders gestört?
- Was sollten wir schnellstmöglich ändern/verbessern?
- Was gefiel Ihnen denn bei uns am besten?
- Wie würde für Sie eine perfekte Leistung aussehen?
- Welche Frage könnten wir Ihnen noch stellen?

Erklären Sie in einem Begleitbrief oder am Anfang des Fragebogens, weshalb Sie ihn verschicken und wie der Kunde Ihnen helfen kann, Ihre Sache zukünftig besser zu machen. Im Anschreiben eines Bauteile-Herstellers hört sich das wie folgt an:

> Lieber Herr xx,
> der Weggang eines so wertvollen Kunden, wie Sie es waren, zwingt uns zu der Überlegung: Was haben wir falsch gemacht? Was hätten wir besser machen können? Wie sähe für Sie eine perfekte Leistung aus? Besser spät als nie möchten wir Sie um Ihre Mithilfe bitten. Hierzu haben wir einen kurzen Fragebogen beigefügt.

> Viel lieber möchten wir dieses Gespräch aber gerne mit Ihnen persönlich führen. Kann unser Herr Müller Sie dazu in den nächsten Tagen einmal anrufen? Gerne können Sie auch den ausgefüllten Fragebogen an uns zurückfaxen. Hierfür möchten wir uns schon im Voraus bedanken.
> Ein erfolgreiches Geschäftsjahr wünscht Ihnen ...

Der Brief dieses Herstellers an Kunden, die seit einiger Zeit nichts mehr bestellt hatten, beginnt so:

> Lieber Herr xx,
> wir betreuen Sie mit unserem Produktprogramm nun schon seit fünf Jahren und haben uns über die regelmäßigen Aufträge immer wieder gefreut. Um auch zukünftig zu Ihrem Erfolg bestmöglich beizutragen, möchten wir etwaige «Ecken und Kanten» unserer Leistungen glätten. Hierbei würde uns Ihr offenes Wort sehr helfen. Deshalb haben wir einen kurzen Fragebogen beigefügt.
> Viel lieber möchten wir dieses Gespräch aber gerne mit Ihnen persönlich führen ...

Auf die Kündigung ihrer Krankenversicherung reagiert die Schwenninger BKK wie folgt:

> Sehr geehrte Frau xx,
> für das entgegengebrachte Vertrauen während Ihrer Mitgliedschaft bei der Schwenninger BKK bedanken wir uns. Trotz allem wäre es uns viel lieber gewesen, wenn wir Sie auch in Zukunft zu unserer großen Versichertengemeinschaft hätten zählen können. Dass Sie eine neue Krankenkasse gewählt haben, muss ja nicht das letzte Wort gewesen sein. Vielleicht können wir Sie, nach ein bisschen Abschied, wieder für uns gewinnen.
> Selbstverständlich interessiert es uns, weshalb Sie auf unseren

> günstigen Beitragssatz und unsere Leistungen verzichten möch-
> ten. In welchen Punkten hat die Schwenninger BKK Sie nicht
> überzeugt? Helfen Sie uns weiter, denn wir leben nach dem
> Motto: «Nichts ist so gut, als dass es nicht noch besser werden
> könnte!»
> Was meinen Sie zur Schwenninger BKK und was schlagen Sie
> uns vor, zukünftig besser zu machen? Damit Sie uns Ihre Mei-
> nung einmal mitteilen können, haben wir einen Fragebogen mit
> Freiumschlag beigefügt. Als kleines Dankeschön für Ihre Mithilfe
> und Mühe erhalten Sie per Post eine kleine Aufmerksamkeit ...
> Wir würden uns freuen, Sie in naher Zukunft wieder als Mit-
> glied begrüßen zu dürfen. Ferner stehe ich Ihnen für Fragen je-
> derzeit zur Verfügung ...

Legen Sie einen frankierten Briefumschlag für die Antwort bei
oder bewirken Sie eine Faxantwort. Einige Firmen ermöglichen
ihren Kunden, solche Fragebögen auch online auszufüllen. Man
findet sie auf deren Webseite.

3.2.2. Mündliche Kundenbefragungen

Entscheidend ist nicht, was die Kunden sagen, sondern wie sie sich
tatsächlich verhalten. Doch gerade die dabei so wichtigen emotionalen Aspekte können durch schriftliche Befragungen kaum offen
gelegt werden. Was man schriftlich von sich gibt, soll schließlich
vernünftig klingen und rationale Erklärungen liefern. Um den
wahren Gründen auf die Spur zu kommen, helfen mündliche Befragungen und die dabei gemachten Beobachtungen, verbunden
mit neuronalem, psychologischem und anthropologischem Wissen, deutlich weiter.

Was im Wesentlichen geklärt werden soll:
- Worin waren wir schlecht?
- Was ist genau passiert?

- Was waren die wahren Gründe für den Wechsel?
- Was können wir beim nächsten Mal besser machen?
- Wie können wir den Kunden zurückgewinnen?

Mit solchen Fragen kommen Sie den Beweggründen Ihres Gesprächspartners am schnellsten näher – ohne ihm zu nahe zu treten. Erstellen Sie eine eigene Liste, damit Sie passende Fragen jederzeit parat haben. Im Eifer des Gefechts bzw. in schwierigen Gesprächssituationen sind Sie so immer vorbereitet.

Mündliche Befragungen, egal ob persönlich oder am Telefon geführt, haben einen Nachteil: den Interviewer-Einfluss. Von Angesicht zu Angesicht verhält man sich eher sozial angepasst und sagt, was der Interviewer hören will. Man möchte sich ins rechte Licht rücken («Ich bin ja kein Unmensch») oder lässt sich zu vermeintlich erwünschten Antworten verleiten, «weil der eigentlich ganz nett ist». Manche Befragten treibt auch die Angst, mit ihrer Antwort etwas für sie persönlich Nachteiliges bzw. Unerwünschtes anzustoßen. Oder es siegt die Bequemlichkeit, sich differenziert mit den Fragen zu beschäftigen.

Wie dem auch sei: Hören Sie genau hin. Lesen Sie im Gesicht und in den feinen Spuren der Gestik Ihrer Gesprächspartner. Unsere Körpersprache ist viel ehrlicher als das gesprochene Wort. Sie sagt uns eine Menge über die Begeisterung unserer Kunden, verrät aber auch ihre Gleichgültigkeit oder gar ihre Abscheu.

Drängen Sie auf eine offene und ehrliche Antwort. Seien Sie kritikfähig und konstruktiv, auch wenn's hart kommt. Und: Bedanken Sie sich wohlwollend für die wertvollen Hinweise. Wertvoll sind sie in der Tat, denn solches Kunden-Feedback macht Sie schnell und flexibel. Es ist kostengünstig zu haben und aussagekräftig. Hören Sie also genau hin. Machen Sie sich sofort Notizen. Denn Sie lernen etwas über Ihre abwanderungsgefährlichen Schwachstellen – aus Sicht des Kunden betrachtet, und die allein zählt.

3.2.3. Die Critical Incident Technique (CIT)

Die «Methode der Kritischen Ereignisse» versucht, im Rahmen einer tiefer gehenden Analyse den genauen Hergang der Geschehnisse zu identifizieren, die den Ex-Kunden schließlich zum Abwandern brachten. Dies geschieht in zwei Schritten. Im ersten Schritt wird der Befragte gebeten, sich genau an das Ausschlag gebende Ereignis zu erinnern und dieses möglichst in allen Einzelheiten zu beschreiben. Im zweiten Schritt wird versucht, mit Zusatzfragen wie «Was passierte an der Stelle ganz genau?» – «Wie kam es zu dieser Situation?» – «Wer machte was?» – «Wie ging es dann weiter?» – «Wie fühlten Sie sich dabei?» – «Wie haben Sie schließlich reagiert?» tiefer ins Detail zu dringen.

Frederick F. Reichheld hat in seinem Buch *Der Loyalitäts-Effekt* ein solches Interview skizziert. Es handelt sich dabei um den Fall einer Bank, bei der die meisten Kunden als Grund für ihren Weggang zu hohe Kosten oder zu niedrige Zinssätze genannt hatten. Das Telefon-Interview entwickelte sich so:

Frage: Wie lange waren Sie Kunde bei Bank A?

Antwort: Zwölf Jahre.

Frage: Was veranlasste Sie, Ihr Konto aufzulösen und auf eine andere Bank zu übertragen?

Antwort: Die Bank B liegt um die Ecke und zahlt einen höheren Zinssatz.

Frage: Waren die Zinssätze von Bank B schon immer höher oder stiegen sie erst kürzlich?

Antwort: Ich weiß es nicht, ich bemerkte es erst kürzlich.

Frage: Was führte dazu, dass Sie es bemerkten?

Antwort: Ich war ein wenig verärgert über Bank A und las dann eine Anzeige in der Zeitung.

Frage: Weshalb waren Sie verärgert?

Antwort: Um ehrlich zu sein, es war, weil mein Kreditantrag abgelehnt wurde.

Frage: War das früher auch schon passiert?

Antwort: Ja, aber dieses Mal lehnte man meinen Antrag mit so einem unpersönlichen Standardbrief ab – obwohl ich ein guter Kunde bin!

Der Interviewer benötigt für solche Gespräche eine hohe emotionale Kompetenz. Er muss Ruhe bewahren, einfühlend fragen und aufmerksam hinhören. Er muss den Kunden ernst nehmen und ihm Wertschätzung entgegenbringen. Er muss geduldig sein, denn das Gespräch kann dauern. Er muss dem Kunden signalisieren, wie wichtig die Sache für das Unternehmen und dessen Weiterentwicklung ist.

Bei der Dokumentation der Ergebnisse ist darauf zu achten, dass die Äußerungen der Befragten, die kritischen Momente betreffend, wortgetreu wiedergegeben werden. Auch die zutage getretenen Emotionen sollen festgehalten werden. All dies wird gesammelt, gesichtet und gewichtet. So entsteht eine nach Prioritäten geordnete Liste von sachlichen, fachlichen und interpersonellen Mängeln, die es zu beheben gilt. Neben Häufigkeiten und Zusammenhängen sollen auch einzelne Episoden im Detail aufgeführt werden, um sie für Schulungszwecke einzusetzen.

Übrigens können ergänzend auch die eigenen Mitarbeiter in diesem Stil befragt werden, um zusätzliche Informationen zu bekommen. Wichtig ist, dies von einer neutralen Person machen zu lassen, damit nicht durch etwaige Ängste die Schilderung der wahren Begebenheiten verzerrt wird.

3.3. Verlustursachen

Mit Kundenverlusten müssen Unternehmen immer mehr rechnen. Denn die Absprungbereitschaft steigt mit der Zahl der verfügbaren, passenden und attraktiv erscheinenden Angebote. Hohe Qualitätsstandards und gesteigerte Vergleichbarkeit machen das Risiko einer Fehlentscheidung gering. Anbieterwechsel und Marken-Hopping sind «in». Wie kann das sein?

3.3.1. Schuld sind immer die anderen

«Schönen Gruß aus der Küche: Das Essen ist *nicht* versalzen», sagt triumphierend die Bedienung dem Gast, der seine Suppe reklamiert. Natürlich war das Gericht versalzen – doch wer gibt schon gerne selber Fehler zu? Dies gilt übrigens genauso für die Kunden. Den meisten ist es peinlich, einen Bedienungs- oder Bestellfehler gemacht zu haben. Und das suchen sie nun zu vertuschen und mit fadenscheinigen Ausflüchten zu verschleiern.

Auch innerbetrieblich sucht man die Schuld gerne bei anderen. Mitarbeiter liegen manchmal geradezu auf der Lauer, um den lieben Kollegen Fehler nachzuweisen. Sie zeigen auf die Hauptverwaltung, die falsche Anweisungen herausgibt. Oder auf die Marketingabteilung, die mit unhaltbaren Leistungsversprechen auf den Markt geht. Oder auf den Kundendienst, der wieder mal Lieferprobleme hat. Hauptsache, man kommt nicht selber ins Visier. Schlimm, wenn all das auch noch vor dem Kunden ausgetragen wird.

Unmöglich? Ich erlebe es regelmäßig, wie Innendienst und Außendienst sich gegenseitig diffamieren. So lässt die Auftragsannahme mal eben süffisant einfließen, dass Vertreter Meier gerne «heiße Luft» verkauft. Beschwerden werden dazu benutzt, sich auf die Seite des Unzufriedenen zu schlagen («Sie sind nicht der Einzige, der hier Probleme hat!») und womöglich Firmen-Interna auszuplaudern («Wir sind völlig überlastet, und die Serviceabteilung kriegt nie was auf die Reihe»).

Interne Querelen gehören nicht an die Kundenfront! Illoyalität gegenüber Kollegen ist tödlich für jede Kundenbeziehung. Zeigen Sie vielmehr, dass bei Ihnen alles wie aus einem Guss funktioniert. Sprechen Sie gut übereinander, loben Sie sich untereinander, damit stärken Sie sich gegenseitig. Und Sie geben dem Kunden Sicherheit. Gerade, wenn der Kunde auf dem Absprung ist, ist er für solchermaßen belastende Botschaften sehr empfänglich. Eine Kleinigkeit reicht, um sein Vertrauen für immer zu zerstören. Tun Sie alles, damit sich kein Mitbewerber zwischen Sie und Ihren Kunden schieben kann.

Nicht selten wird auch die Schuld beim Kunden gesucht. So wird er mit detektivischem Geschick verhört, um ihm ein Fehlverhalten nachzuweisen. Hätte er sich nicht so dumm angestellt, wäre es eben nicht zu diesem Ungeschick gekommen. So ist man selbst aus dem Schneider – und lässt den Kunden im Regen stehen. Der fühlt sich vorgeführt, erniedrigt, für blöd verkauft, blamiert, brüskiert und bloßgestellt. Und zieht beleidigt von dannen. Sätze, die dazu prima taugen:

- Da haben Sie nicht richtig zugehört!
- Wieso haben Sie sich aber auch so ungeschickt angestellt?
- So unsachgemäß hat das bisher noch niemand geöffnet!
- Also, wenn Ihre Leute nicht mal in der Lage sind, ...!
- Ich an Ihrer Stelle hätte sofort ... angerufen!
- Warum haben Sie denn nicht postwendend reklamiert?
- Das hätten Sie sofort beanstanden müssen. Jetzt ist es zu spät!
- Da hätten Sie sich an ... wenden müssen! Hier sind Sie falsch!
- Nun mal langsam! Schließlich ist es nun mal nicht unser Fehler, wenn ...
- Das hat sich bei Ihrem Sachbearbeiter aber ganz anders angehört!

Ein Beispiel gefällig? «Da haben Sie wohl die Gebrauchsanweisung nicht richtig durchgelesen», höre ich so manchen Verkäufer sagen, wenn ein Kunde ein technisches Gerät reklamiert. Selbst, wenn es stimmen sollte: Mit solchen Aussagen macht man sich unbeliebt. Natürlich kann es sein, dass der Kunde zum Entstehen eines Rückzugsgrundes einen erheblichen Teil beigetragen hat. Fraglich ist, ob es zielführend ist, ihm genau dies vorzuwerfen.

Vielleicht haben Sie schon einmal von der «Technik der fünf Warum» gehört, die meines Wissens bei Toyota entwickelt wurde. Diese insistierenden Fragen nach dem Warum mögen in Entwicklungsabteilungen sinnvoll sein, um einem Fehler auf den Grund zu gehen. Im Kundenabwanderungsgespräch sind sie dagegen kontraproduktiv. Denn jedes Warum fordert eine Rechtfertigung und weckt damit negative Gefühle. Der Befragte fühlt sich unter Druck gesetzt und beginnt, sich zu verteidigen – oder zu mauern. Besser fragen Sie: «Aus welchen Gründen …?» oder «Worauf führen Sie das zurück?» oder «Was sind die Ursachen für …?» oder «Wie kam es dazu, dass …?».

Die Antworten sind kostbare Lerngewinne. Dabei geht es niemals darum, am Ende klipp und klar zu beweisen, der Kunde war selber schuld. Überprüfen Sie vielmehr, wo die Knackpunkte für Probleme und Beschwerden sind, und ändern Sie was! Und zwar prophylaktisch. Lassen Sie etwa die Gebrauchsanweisungen zukünftig von Kunden schreiben und nicht von Ihren Technikern. Denn Techniker tun sich schwer, durch die Brille des Kunden zu schauen.

3.3.2. Im Kunden begründet

Manche Kunden sind unwiederbringlich verloren: Geschäftskunden, weil sie insolvent wurden, ihr Geschäft aufgelöst haben oder die Produktion endgültig eingestellt wurde. Privatkunden, weil sie den Ort, die Gegend, das Land oder die Welt verlassen haben. Abgesehen vom letzten Fall bietet das Internet vielen Firmen heutzutage die Möglichkeit, auch über weite Strecken mit ihren Kunden verbunden zu bleiben. Und manche Kunden nehmen dabei sogar Erschwernisse in Kauf, um weiterhin vom gewohnten Geschäftspartner betreut zu werden. Selbst wenn Ihnen das noch so unwahrscheinlich erscheint: Gehen Sie nicht von sich selber aus. Fragen Sie die Kunden.

Wer aller Voraussicht nach nur Einmalgeschäfte tätigt bzw. einen Einmalbedarf hat, ist als Wiederkäufer mehr oder weniger irrelevant. Dies betrifft etwa Fertighaus-Hersteller, da das Häuslebauen im Leben eines Menschen nun mal nicht allzu oft vorkommt. Dennoch ist eine kontinuierliche Nachpflege nützlich und anzuraten. Denn solche Kunden können äußerst wertvolle Empfehler werden – oder ein Kundenabschreckungsprogramm.

Die Gefahr der Abwanderung besteht in jeder Phase der Geschäftsbeziehung. Hat diese gerade erst begonnen, trägt der Kunde noch die Brille der misstrauischen Vorsicht. Selbst bei kleinen Fehlern ist die Beziehung schnell gefährdet. Gefestigte und von Vertrauen geprägte Langzeit-Verbindungen vertragen auch gelegentliche Pannen. Bei überlangen Beziehungen entsteht Desinteresse, Langeweile und Überdruss. Jede Nachlässigkeit kann nun das Ende einläuten.

Den abgewanderten Kunden haben oft ganz einfach Informationen gefehlt. Wer unzufrieden mit seinem Anbieter ist, weil er beispielsweise nicht den billigsten Tarif hat, orientiert sich vielfach neu und läuft zu anderen Providern über. Er fragt seinen eigenen Anbieter also nicht ausdrücklich, ob der seine Sache besser machen kann. Denn er geht davon aus, dass dieser ihm das von sich aus erzählt. Und genau das ist eine Illusion. Der Anbieter dagegen glaubt, weil der Kunde nicht reklamiert, sei alles in bester Ordnung – und tut nichts.

3.3.2.1. Personalwechsel beim Kunden

Bei zunehmenden Fluktuationsraten sowohl im Management als auch im Mitarbeiterbereich kommen Lieferantenwechsel immer häufiger vor. Gerade Führungskräfte spielen dabei gerne das «Löwen-Spiel»: Beiß erst mal alles tot, was auf Spuren des Vorgängers hindeutet und nicht aus deiner Ecke kommt. Hier bricht sich einmal mehr die Evolution Bahn. Die Natur will, dass das eigene Erbgut weitergetragen wird. Bei Kopfarbeitern geht es dabei um

Gedankengut und manchmal um das pure Ego. All dies wird gut getarnt: Mühevoll aufbereiteter Kennzahlensalat, bunte Balkendiagramme und verwirrende Excel-Tabellen helfen, einen Neuanfang zu rechtfertigen.

Personalwechsel beim Kunden ist immer ein Alarmsignal. Wenn Sie Glück haben, gibt Ihnen Ihr scheidender Ansprechpartner einen rechtzeitigen Hinweis oder verabschiedet sich wenigstens von Ihnen. Dabei sollte es Ihnen gelingen, noch Informationen über den Neuen zu sammeln. Wissen über zukünftige Gesprächspartner ist Gold wert. Mit den folgenden und vielen weiteren Fragen können Sie sich dabei auseinander setzen: Wer ist er? Wie ist er? Woher kommt er? Wer weiß was über ihn? Haben wir ihn schon irgendwo in der Datenbank? Wie tickt er als Fachmann? Und als Mensch? Mit wem arbeitet er bisher zusammen? Welches sind seine Ziele? Wessen Interessen vertritt er? Was sind seine fachlichen/sachlichen/persönlichen Anliegen? Wie können wir diese unterstützen? Welche Fakten benötigt er dazu? Was könnte ihn an unserem Angebot faszinieren? Was könnten seine Fragen bzw. Einwände sein? Wie unterstützen wir ihn, um schnell erfolgreich zu werden?

Bei der Suche nach Antworten hilft ein Informationsnetzwerk oder die Recherche im Internet. Je mehr Details Sie dabei erhalten, umso besser können Sie sich auf Ihr erstes Kennenlernen vorbereiten. Vielleicht finden Sie sogar etwas über «Mensch Kunde», das Ihnen die Warmwerde-Phase am Anfang des Gesprächs erleichtert. Unterscheiden Sie sich wohltuend von all denen, die krampfhaft im Besprechungsraum nach einem Anknüpfungspunkt suchen! Wenn zum hundertsten Mal der Golf-Pokal herhalten muss – das nervt.

Welche Form des Kennenlern-Gesprächs Sie suchen, ist branchenabhängig. Wenn sinnvoll und irgendwie möglich, sollte ein persönliches Treffen favorisiert werden. Es bietet die größten Rückholchancen. Nehmen Sie schnellstmöglich Kontakt mit dem Kunden auf, bevor es ein anderer tut. Gehen Sie nicht davon aus, dass der Neue Ihr Unternehmen und Ihre Leistungen schon kennt. Bieten Sie ihm Ihr Wissen über den Verlauf der bisherigen Geschäftsbeziehung an. Helfen Sie ihm, einen guten Start hinzulegen und in seinem neuen Job eine gute Figur zu machen. Nehmen Sie ihn wichtig – als Mensch und Fachmann. Wertschätzen Sie seinen Karriereweg.

Bereiten Sie sich gut auf das Gespräch vor. Stellen Sie dazu zwei Stühle auf – einen für sich, einen für ihn. Setzen Sie sich zunächst auf Ihren Stuhl und argumentieren Sie laut. Dann setzen Sie sich auf den Stuhl Ihres fiktiven Gesprächspartners und sprechen aus seiner Perspektive. Das mag Ihnen zunächst albern erscheinen, doch versuchen Sie es mal. Diese Übung real und nicht nur im Kopf zu machen gibt Ihnen ganz neue Sichtweisen – und persönliche Sicherheit.

Überlegen Sie, warum er Ihnen überhaupt seine kostbare Zeit schenken sollte, was das ganz Besondere Ihres Angebots gerade für ihn ist, aus welchen Gründen er einer weiteren Zusammenarbeit zustimmen könnte und aus welchen Gründen eher nicht. Überlegen Sie auch, was er dabei denkt und fühlt. Entwickeln Sie Verständnis für etwaige Wechselwünsche. Der Neue möchte eben nicht alles genau so machen wie sein Vorgänger. Und: Mit seinen vertrauten Geschäftspartnern aus früheren Zeiten weiter zusammenzuarbeiten bedeutet schließlich Sicherheit.

Legen Sie sich unbedingt vor dem Gespräch geeignete Fragen, passende Nutzenargumente sowie Antworten auf mögliche Einwände und wirkungsvolle Abschlusssätze zurecht. Wiederholen Sie all dies immer wieder *laut* im Auto auf dem Weg zum Kunden. Auch albern? Dann denken Sie mal an einen Schauspieler. Was auf der Bühne so perfekt aussieht, hat der nächtelang vor dem Spiegel geprobt, laut rezitiert und in unzähligen Proben so lange geübt, bis es publikumsreif war.

Zur Vorbereitung gehört auch, sich ein Gesprächsziel zu setzen.

Dies sollte, wir haben zu Beginn des Buches bereits darüber gesprochen, in jedem Fall schriftlich geschehen. Ein gedankliches Ziel ist, wie jeder gedachte Gedanke und jedes gedankliche Bild, immer etwas vage. Das merkt man erst, wenn man es aufschreiben will. Machen Sie sich dann, am besten wiederum schriftlich, einen Aktionsplan. Definieren Sie also die Taktik, mit der Sie Ihr Ziel erreichen wollen. Denken Sie dabei auch an die Ziele, die der Kunde hat.

Formulieren Sie neben Ihrem Zielplan (best case) auch ein Ausstiegsszenario (worst case): Was passiert schlimmstenfalls, wenn die Gespräche zu keinem Ergebnis führen? Unter welchen Umständen lassen Sie die Verhandlungen platzen? So verlieren Sie Ihre Angst vor dem Scheitern. Denn nicht jedes Rückgewinnungsgespräch ist von Erfolg gekrönt. Manchmal ist es sogar besser, aufzugeben. Mit einer klaren Ausstiegsoption können Sie bestimmter und entschlossener auftreten.

3.3.2.2. Eine Frage des Typs

Ähnlich wie eine gute Intuition und gesunder Menschenverstand erscheint uns Menschenkenntnis als etwas Gegebenes – man hat es oder man hat es nicht. Das stimmt aber nicht: Menschenkenntnis kann man schulen, erweitern und trainieren – wie jede andere Fertigkeit auch. Gute Menschenkenner vermitteln ihren Mitmenschen das Gefühl, wahrgenommen, verstanden und gewertschätzt zu werden. Der Weg zum Verständnis des anderen führt immer über einen selbst. Ohne gute Selbstkenntnis ist gute Menschenkenntnis nicht möglich. Und vieles ist eine Frage des Typs.

Die Menschen zu typisieren ist so alt wie die Menschheit selbst. Wir kennen die zwölf Tierkreiszeichen, das chinesische Jahreshoroskop, das keltische Baumhoroskop usw. Hinter all diesen Ansätzen steckt der Wunsch, seine Mitmenschen zu begreifen, um schnelle, gute, richtige Entscheidungen treffen zu können. Denn davon hängt das «Überleben» ab – im Extremfall sogar im wahrsten Sinne des Wortes.

3.3.3. Die limbischen Instruktionen

Einen neuen und nach meinem Empfinden sehr brauchbaren Ansatz zum Menschenverstehen haben uns Hirnforscher bzw. Neuro-Psychologen beschert. Dabei wird die Erkenntnis genutzt, dass das limbische System unser wahres inneres Machtzentrum ist und einen wesentlichen Einfluss auf unser Verhalten hat. Das limbische System ist ein Sammelbegriff für eine archaische Hirnstruktur unterhalb unseres Großhirns. Der Neuro-Psychologe und Buchautor Hans-Georg Häusel etwa unterscheidet drei limbische Typen: Balance, Dominanz und Stimulanz. Deren «Instruktionen» sind die Basis grundlegender Verhaltensmuster. Da sie in jedem Menschen in einem unterschiedlichen Mischungsverhältnis vorkommen, nehmen sie bei jedem unterschiedliche Ausprägungen an und drängen ihn zu entsprechenden Reaktionsweisen.

Nach diesen Erkenntnissen sind wir weit weniger, als landläufig gedacht, ein Produkt von Umwelt- und Erziehungseinflüssen, wir kommen vielmehr bereits «instruiert» auf die Welt. Dies erklärt endlich auch die – trotz gleichartiger Erziehung – oft großen typologischen Unterschiede zwischen Geschwistern, die sich bereits im zarten Säuglingsalter und später dann im Kindergarten deutlich sichtbar manifestieren.

Der **Dominante** hat beispielsweise folgende Instruktionen:
- Strebe nach oben und setze dich durch!
- Vergrößere deine Macht!
- Verdränge deine Konkurrenten!
- Erhalte deine Autonomie!
- Sei aktiv! Und besser als andere!

Den ausgeprägten Dominanz-Typ erkennt man an seinem «Auftritt», er ist nicht zu übersehen. Er ist ein Macher mit Ellbogen, Ecken und Kanten und hoher Durchsetzungskraft. Alles an ihm ist leistungsbetont. Er will Bestehendes verbessern – und expandieren. Er agiert sehr strukturiert und zielorientiert – auch auf Kosten anderer. Er spricht in der Ich-Form, effekthaschend und gestikulierend. Seine Lieblingsworte stammen aus der Siegersprache: leistungsfähig, Nummer eins, der/die/das Beste, exklusiv, Vorsprung, erstklassig … Er sucht öffentliches Ansehen, Macht, Erfolg und Prestige. Er liebt Statussymbole. Und Wettbewerber, mit denen er sich messen kann.

Er wirkt arrogant, oft aggressiv und sehr selbstsicher. Er will beherrschen und kontrollieren. Seine emotionale Kompetenz ist gering. Er hat nur ein Ziel: nach oben! Seine Instruktionen sorgen für Entscheidungsfreude, aber auch für Konflikte. Dominanz-Typen brauchen Leute unter sich. Gleichzeitig lieben und verachten sie «Opfer» mit geringem Widerstand. Ihre Mimik wird bestimmt durch den «gnadenlosen» Blick – und durch das Siegerlächeln.

Wer es mit (abwandernden) dominanten Kunden zu tun hat, verwende am besten die folgende Strategie: Lassen Sie ihm seinen Status. Ohnmacht, also im wahrsten Sinne des Wortes ohne Macht zu sein, macht diesen Typ krank. Er braucht Selbstbestimmung. Zeigen Sie starkes Interesse an seinen Belangen. Anerkennen Sie seine Wichtigkeit, pflegen Sie seine Eitelkeit. Er wünscht sich eine bevorzugte Behandlung und persönlichen Service. Geben Sie ihm das Gefühl, etwas Besonderes, etwas Besseres zu sein.

Mit diesen wenigen Hinweisen wird übrigens die ganze Tragweise dessen deutlich, was wir an der Spitze vieler Unternehmen erleben. Denn dort tummeln sich die Dominanten. Ihre Instruktionen haben sie nach oben gebracht. Dort bewirken sie viel – und sind gleichzeitig eine große Gefahr. Und für jede Menge Anekdoten gut.

Der Inhaber eines Sterne-Restaurants erzählte mir einmal von einem Stammgast, der es während der letzten Fußball-Weltmeisterschaft Franz Beckenbauer gleichtun und von Spiel zu Spiel reisen wollte. Dazu nutzte er seinen Lear-Jet, steuerte damit den nächstgelegenen Flughafen an, ließ sich vom Limousinen-Service am Flugfeld abholen und zum Stadion bringen – alles auf Firmenkosten. Genüsslich brüstete er sich damit, dass er meist schneller war als Beckenbauer, der ja per Helikopter reiste.

Solches Verhalten erscheint zumindest all denen paradox, die ganz anders gestrickt sind. Der ausgeprägte **Balance**-Typ etwa kann ob solcher Eitelkeiten nur fassungslos den Kopf schütteln. Seine Instruktionen sagen:

- Vergeude nicht nutzlos Energie!
- Vermeide jede Gefahr!
- Vermeide jede Veränderung, baue Gewohnheiten auf!
- Vermeide jede Störung und Unsicherheit!
- Strebe nach innerer und äußerer Stabilität!

Er ist höflich, freundlich, zurückhaltend, konservativ und eher misstrauisch. Er neigt zur Vorsicht und hat Angst vor Entscheidungen. Seine Durchsetzungskraft ist gering. «Nur keine Experimente» ist sein Motto. Er ist ein Bewahrer und scheut das Risiko. Routinen geben ihm Sicherheit. Sein Pflichtbewusstsein ist ausgeprägt. Er spricht in der Man- oder Wir-Form. Die soziale Eingebundenheit in eine Gruppe, sein Team, seine Familie und seine Freunde sind ihm wichtig. Er ist sensibel, aber auch unentschlossen oder gar phlegmatisch. Seine Instruktionen bewahren ihn vor Gefahren und sorgen für Stabilität, verschließen sich aber vor (notwendigen) Veränderungen.

Balance-Typen sind schnell beleidigt und begeben sich ohne ein Wort auf die Flucht. Wer es mit ausgeprägten Balance-Typen zu tun hat, setze am besten auf eine Politik der kleinen Zurück-Schritte. Will man ihn für Veränderungen erwärmen, braucht dies Zeit. Seine Kooperation ist recht leicht zu gewinnen, wenn man auf Bewährtes setzt, durch Fakten Sicherheit schafft, Strukturen vorgibt und eine persönliche Beziehung aufbaut. Erschrecken Sie ihn nicht mit überschäumendem Enthusiasmus und entfesselter Leidenschaft. Passen Sie sich vielmehr seiner ruhigen Art an.

Recht schnell sind erste Vor- und Nachteile zu erkennen, die die Balance-Instruktion mit sich bringt. Balance-Typen haben beispielsweise ein hohes Bleibe- bzw. Reloyalisierungspotenzial. Eine wertvolle Erkenntnis, die uns im Kundenrückgewinnungsmanagement zugute kommt. Als Mitarbeiter sind sie zuverlässig, wenngleich ihnen der Drive für schnelle Entscheidungen, kreative Lösungen, aktives Verkaufen und höhere Berufungen oft fehlt.

Ganz anders der **Stimulanz**-Typ. Seine Instruktionen sagen:

- Suche nach neuen, unbekannten Reizen!
- Vermeide Langeweile! Suche nach Abwechslung!
- Entdecke und erforsche deine Umwelt!
- Sei anders als die anderen!
- Genieße das Leben!

Dieser Typ ist offen, unkompliziert, konstruktiv und tolerant. Seine Vitalität, sein Optimismus, seine Neugierde und sein Freiheitsdrang sind offensichtlich. In ihm steckt ein Turbo. Obwohl er eine eigene Meinung hat und diese auch vertritt, ist er Neuem gegenüber aufgeschlossen und experimentierfreudig. Er ist verantwortungsbereit und kooperativ. Er steht für Pioniergeist, Kreativität und Spaß, aber auch für Unzuverlässigkeit, Risiko und Chaos.

Er ist der typisch Illoyale, seine Wechselbereitschaft ist groß. Wenn Sie ihn behalten oder zurückgewinnen wollen: Wahlmöglichkeiten aufzeigen, neue oder alternative Methoden ansprechen, ihm seine Freiheit lassen, seinen Spieltrieb anregen. Agieren Sie lebendig und interessiert, dialogisieren Sie, erzählen Sie Geschichten. Und: Fragen Sie nach seinen Ideen, bitten Sie ihn um Vorschläge. Er ist der beste Unternehmensberater – und zudem kostenlos.

Haben Sie schon einige Ihrer Kunden erkannt? Aufgabe der Mitarbeiter mit regelmäßigen Kundenkontakten könnte es sein, die eigenen Kunden nach diesen Typen zu klassifizieren. Danach heißt es, sich Gedanken darüber zu machen, wie ein zum jeweiligen Typ passendes Verkaufs- bzw. Reaktivierungsgespräch zu gestalten ist. Einer meiner Kunden, ein IT-Unternehmen, hat genau dies gemacht und eilt nun von Erfolg zu Erfolg. So hat es die limbische Typologie seiner Kunden grafisch dargestellt:

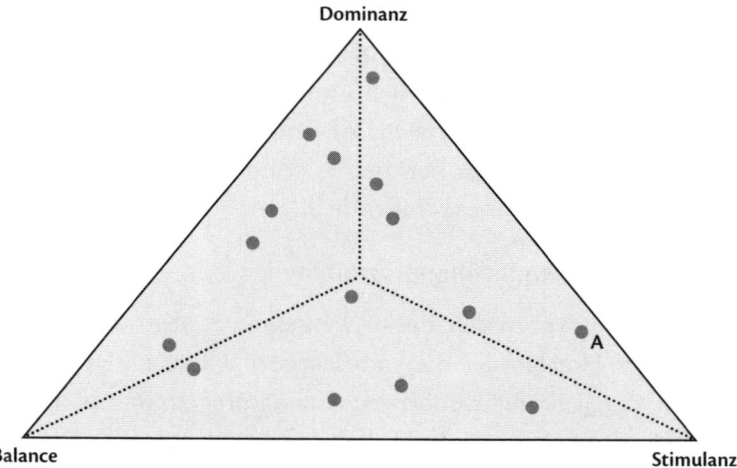

Abb. 4: Die Kunden im limbischen Dreieck. Jeder Mensch hat eine Mischung aus Dominanz-, Balance- und Stimulanz-Instruktionen. Eine davon ist meistens vorherrschend. So ist Kunde A hoch stimulant mit einem gewissen Anteil an Dominanz und wenig Balance. Ein klassischer Pionier.

Übrigens: Wer gerne erfahren möchte, wo er limbisch gesehen selber steht, kann unter www.limbic-personality.com gegen einen kleinen Obolus einen Test zur Bestimmung seiner limbischen Persönlichkeitsstruktur machen.

3.3.4. Im Unternehmensverhalten begründet

Es liegt nicht nur an Minderleistungen, wenn Kunden das Unternehmen verlassen. Strategische Management-Entscheidungen können dazu führen, dass Kunden systematisch vertrieben werden – ob gewollt oder nicht. Hierzu gehören etwa Fusionen, Massenentlassungen, die Stilllegung von Geschäftsfeldern und das Abstoßen oder Veräußern von Produktlinien.

Wenn beispielsweise Markenartikel-Hersteller unrentable Produkte plötzlich vom Markt nehmen, heißt das ja nicht, dass die darüber verärgerten Kunden sich automatisch den noch verbliebenen Marken des Unternehmens zuwenden. Dessen sind sich die Manager auch durchaus bewusst, es wurde berechnet und billigend in Kauf genommen. Hoffentlich!

3.3.4.1. Kundenvergraulungsprogramme

Erinnern Sie sich an den Bresso-Werbespot, in dem ein sichtlich frustrierter Hotelportier die vorbeieilenden Gäste nötigt, *ihn* zu grüßen? So sieht ein Kundenvergraulungsprogramm aus. Unternehmen geben oft so unglaublich viel Geld aus, um neue Kunden zu gewinnen. Und kaum sind sie endlich eingefangen, wird an allen Ecken und Enden gespart: Mitarbeiter werden nicht trainiert, es sind zu wenig da, sie haben keine Lust – oder Frust. Sie werden schlecht geführt, sie haben keine Ressourcen, keinen Spielraum und keine Ideen, um Kunden zu begeistern und schließlich zu loyalisieren. Die Kunden sollen sich einfügen und parieren. Diese allerdings fühlen sich vernachlässigt, gelangweilt, falsch verstanden, von oben herab behandelt, schikaniert – und schließlich vertrieben.

Das ganze Buch ließe sich, wenn wir Betroffene zu Wort kommen lassen, füllen mit Geschichten über Kundenabwehrabteilungen, Kundenerziehungsprogramme und Lektionen der Lieblosigkeit. Nicht immer sind lustlose Mitarbeiter allein dafür verantwortlich. Die eigentliche Ursache steckt meist viel tiefer: Wo Technokraten und nicht Marketer das Sagen haben, findet Kundenfokussierung – unter dem Mäntelchen der Kosteneinsparungen gut verpackt – immer seltener statt. Der Kunde verschwindet in der Anonymität – oder soll im Takt der Technik ticken!

So kommt die teuerste Musik aus der Warteschleife. Bei Service-Hotlines hängt man ewig darin fest. Hier soll wohl der Verlust aus verbilligten Angeboten über hohe Telefongebühren wieder eingespielt werden. Nach einer kleinen Ewigkeit bietet eine Automaten-Stimme einen Rückruf an, wenn man seine Telefonnummer hinterlässt. Vergeblich wartet man darauf. Wer durch sprachgesteuerte Computer-Ansagen («Wenn Sie … sprechen wollen, drücken Sie die 1 …») irrt oder sich ungefragt Werbeeinspielungen anhören muss, gibt dafür seine Zeit und sein Geld, vor allem aber Geduld und Nerven. Und das lässt sich schon lange nicht mehr jeder bieten.

Bei vielen Banken wird der Aufbau persönlicher Geschäftsbeziehungen systematisch unterbunden. Man hat den Kunden das gute alte Sparbuch abgenommen, man hat sie ins Online-Banking verfrachtet, man hat sie vom Schalter weg zu den Automaten gejagt. Oder man hat sie im Zuge von Strukturveränderungen herumgeschubst und ungefragt von Ansprechpartner zu Ansprechpartner weitergereicht. Wer das mal hinterfragt, erfährt erstaunliche Dinge: Firmenkunden sind nichts anderes als Spielmasse im Hierarchiegerangel um Spitzenplätze auf der Karriereleiter. So züchtet sich die obere Führungsebene treue Gefolgsleute heran, indem sie ihren Protegés die dicksten Fische zuschiebt. Von jetzt auf gleich kann dagegen ein schlecht vernetzter Berater seine wichtigsten Kunden verlieren. Er selbst hat keine Wahl – und seine Kunden werden ungefragt vor vollendete Tatsachen gestellt.

Und all das lassen Bankkunden sich bieten? Immer weniger! Die Quittung bekamen die Geldinstitute kürzlich im Rahmen einer internationalen Befragung der Prüfungs- und Beratungsgesellschaft Deloitte. Demzufolge wollen 81 Prozent aller Kunden ihre Bank wechseln. Fragt sich nur: Ist es anderswo besser?

Viele Unternehmen schreiben ihren Kunden immer noch vor, wie die Dinge zu laufen haben. Nach dem Motto «Nur A-Kunden erhalten persönlichen Besuch, B-Kunden werden am Telefon betreut, C-Kunden per Post» wird der Kundenbestand von Kostenrechnern rein betriebswirtschaftlich gesteuert, meist ohne dass der Kunde je eine Wahl gehabt hätte. Womöglich ist der A-Kunde die ständigen Besuche schon längst leid und wird in Zukunft nicht mehr kaufen! Und aus einem C-Kunden könnte ein lohnender Key-Account werden, wenn sich endlich mal jemand persönlich um ihn kümmern würde. Denn er hat demnächst einen Großauftrag zu vergeben. Und: Oft sind nicht einmal die Kunden drittklassig, sondern die Daten in der Datenbank.

ABC-gesteuerte, produktorientierte oder auch regional organisierte Verkaufsstrukturen sind vielleicht praktisch, aber nicht kundenfokussiert. Der lokale Firmensitz des Kunden oder seine Branchenzugehörigkeit kann ja wohl nicht das entscheidende Kriterium dafür sein, welcher Key-Accounter bzw. Sales-Mitarbeiter der hauptsächlich aktive Kontakter ist. In jedem guten Verkaufsseminar wird man lernen, dass Kunden zuerst den Menschen und dann die Sache kaufen. Harmonieren Kunde und Betreuer nicht, kann dies zum endgültigen Kundenverlust führen – trotz guter Produkte.

Sagen also nicht *Sie* dem Kunden, wie die Dinge zu laufen haben, fragen Sie, was *er* will! Das ist *Permission-Marketing.* «Erlaubtes Marketing» wechselt die Blickrichtung. Dort sagt der Kunde, welche Werbung er von wem, wann und wie haben will und wie oft sie kommen soll. Und dort entscheidet der Kunde, wer sein Ansprechpartner sein *darf.*

Das heißt: Der Kunde bekommt den Verkäufer, den *er* haben will, der zu ihm passt, den er braucht. Organisation folgt Emotion. Die zwischenmenschliche Beziehung entscheidet! Das ist hier so leicht geschrieben und abnickbar. Für manchen wird dies eine riesige Herausforderung sein. Denn nun wird er offen sagen müssen, dass er mit einem Kunden nicht «kann», und *dem* Kollegen den

Vortritt lassen, bei dem die Wellenlänge stimmt. Eine Revolution für viele Vertriebsmannschaften, ein Segen für die Umsätze des Unternehmens.

Utopisch im Tagesgeschäft? Die sehr erfolgreiche 180 Personen starke Steuerberatungskanzlei Hübner & Hübner aus Wien macht es vor: Einem neuen Mandanten werden noch vor Beginn der Zusammenarbeit mehrere Berater vorgestellt, die alle fachlich perfekt passen. Der Klient kann sich genau den Mitarbeiter auswählen, der ihm am besten liegt.

3.3.4.2. Der Faktor Mensch entscheidet

Wenn ich mich mit Managern unterhalte, höre ich viel über Produkt-Kategorien, Absatzzahlen, Marktanteile und die Tücken der Konkurrenz. Selten höre ich etwas über Kunden und Mitarbeiter. Wenn aber nun die Produktqualität stimmt – und das ist heutzutage «basic», also kaum der Rede wert –, dann kann ein Anbieter nur noch mit «weichen» Faktoren punkten:

- mit der emotionalen Kompetenz seiner Mitarbeiter
- und mit umfassender Kundenfokussierung

Und genau hier werden immer noch die größten Fehler gemacht! Statt in die Kenntnisse, Fähigkeiten und Fertigkeiten der Mitarbeiter zu investieren, statt ihr kreatives Potenzial zu nutzen, um Kunden zu begeistern und damit zu loyalisieren, werden junge billige Mitarbeiter gesucht und alte erfahrene entlassen. Wer in schwierigen Zeiten *so* reagiert, hat zwar sofort bessere Zahlen, in ein paar Jahren aber vielleicht nichts mehr zu tun!

Dort, wo Verkäufer zu einer aussterbenden Rasse gehören, wo Menschen und damit persönliche Kontakte fehlen, sinkt automatisch die Kundenloyalität. Automaten und Sprachcomputer können zwar Menschen ersetzen, diese aber nicht loyalisieren.

Überforderte, gestresste, unmotivierte, ungeschulte Mitarbeiter nehmen uns Kunden jeden Spaß am Konsumieren. Wer will schon gerne lieblos und unprofessionell bedient und behandelt werden? Wenn einem was nicht passt, bleibt das Portemonnaie eben zu! Oder man deckt sich nur mit dem Nötigsten ein. Oder greift zum Billigsten. Oder geht zu den paar wenigen, bei denen die Servicequalität immer noch stimmt.

Um ein Unternehmen zu führen, das Bestand haben soll, braucht es mehr als nur den Blick auf die Finanzen und den Quartalsbericht. Klar, auf seine Kosten zu achten ist eine unternehmerische Pflicht. Doch bei welchen Kostenblöcken der Rotstift angesetzt wird, will gut überlegt sein. Meine Devise lautet: Customer-Value statt Shareholder-Value. Also:

> **Nie auf Kosten des Kunden!**

Systematischer Mitarbeiter-Abbau ist Dienstleistungsamputation! Wer am Personal und in der Weiterbildung spart, nimmt den Kunden etwas weg, nämlich Mitarbeiterqualität – und damit Servicequalität. Und die Kunden werden das merken, sie werden reagieren, werden das quittieren – sie ziehen einfach weiter. Nur leider: Verlorene Kundschaft bzw. verlorenes Geschäft wird meist nicht analysiert und schon gar nicht bilanziert. Die typische Controller-Frage: «Wie viel bringt uns das?» muss daher künftig lauten: «Wie viele Kunden (und damit Euro) verlieren wir, wenn wir …?» Wenn das die Controller nur endlich verstehen würden.

Doch solches Predigen hilft offensichtlich nicht. Erst kürzlich brachte eine Untersuchung der IBM Consulting unter 100 Entscheidern aus Marketing, Vertrieb und Kundenservice in Europa und den USA heraus, dass für 74 Prozent der Befragten mehr Effizienz und Prozessoptimierung im Vordergrund stehen. Und 79 Prozent der befragten Führungskräfte agieren, ohne die Erwartungen und Bedürfnisse ihrer Kunden überhaupt zu kennen. Wen wundert es da, dass so viele Kunden die Flucht ergreifen?

Zusammenfassend lassen sich die Ursachen für Kundenverluste unterteilen in die sogenannten Hardfacts und in das Fehlen von Soft-Skills. Auch wenn von Kunden oft harte Fakten vorgetragen werden: Lassen Sie sich nicht täuschen! Die meisten Kunden werden, wie oben schon dargelegt, wegen mangelnder Soft-Skills, also durch das, was die Mitarbeiter draufhaben – oder eben auch nicht –, verloren.

3.3.4.3. Gut zu meistern: die Hardfacts

Hardfacts sind in aller Regel sichtbar, messbar und damit auch reklamierbar. Das hört sich dann beispielsweise so an: «Die um 3 Tage verspätet eingetroffene Lieferung stimmt in Position 1 und 2 nicht mit dem Auftragsschein überein und ist zudem teilweise beschädigt angekommen. Die Details finden Sie in der Anlage.» Sind Unternehmen erst einmal über solche Missstände informiert, sind diese (hoffentlich) auch abstellbar.

Hier eine Reihe möglicher Hardfact-Abwanderungsgründe:
* mangelnde fachliche Kompetenz der Gesprächspartner
* falsche oder fehlende Informationen
* zu lange Wartezeiten (am Bestelltelefon, an der Kasse etc.)
* zu lange Lieferzeiten, zu lange Montagezeiten etc.
* unpünktliche Lieferungen, mangelnde Termintreue
* Fehllieferungen, fehlerhafte Ware
* schlechte bzw. nachlassende Produkt- oder Servicequalität
* Produktpalette ist nicht mehr auf dem neuesten Stand
* Lücken im Angebotsportfolio
* (schlecht kommunizierte) Preiserhöhungen
* Verschlechterung der Konditionen (Skonto, Rabattstaffeln etc.)
* Nichteinhalten von Vertragsvereinbarungen
* Nichteinhalten von Leistungsversprechen
* Fehler bei der Rechnungsstellung

Freuen Sie sich über jeden Kunden, der Sie auf solche Hardfacts hinweist, denn er hilft Ihnen – sogar dann, wenn er gegangen ist und nie wieder zurückkommt –, zukünftige weitere Kundenverluste zu vermeiden.

3.3.4.4. Die Sünden von früher

Viele Firmen werden für die Sünden der Vergangenheit erst noch so richtig zahlen müssen. Deren Kunden werden in Massen flüchten. Denn der Enthüllungsjournalismus wird weiter fündig werden. In Blogs wird schon längst tagesaktuell berichtet. Sekretärinnen packen beim Staatsanwalt endlich aus. Ehemalige Mitarbeiter vermarkten ihr Insiderwissen in Büchern. Online-gesteuerte Verbraucherboykotte werden zunehmen. Der Billigwahn, der Mangel an Ethik, Shareholder-Value-getriebene Entlassungswellen und technologiehörige Entmenschlichung fordern ihren Tribut. «Wenn ich alle Preise noch mal um 5 Prozent drücke», erklärte mir stolz ein Einkäufer, «bedeutet das für mein Unternehmen 45 Prozent Gewinn.» Die Rechnung hat er wahrscheinlich ohne den Kunden gemacht.

Wo Einkäufer ihre Zulieferer nach Lopez-Manier ausquetschen (müssen), braucht man sich über skandalöse Spätfolgen nicht zu wundern. Vorstände, die oben ihre Tantiemen erhöhen, während sie unten Massenentlassungen vornehmen, Bosse, die eine seelenlose Machtkultur schaffen oder ihr Unternehmen nach Gutsherrenart führen, Vorgesetzte, die nur ihren persönlichen Ehrgeiz stillen, Spitzenmanager, die sich auf dreiste Weise Vorteile verschaffen, all dies sorgt dafür, dass schließlich auch die «kleinen Angestellten» nur noch den eigenen Vorteil suchen. Und dass die Qualität den Bach runtergeht. Womit Verbrauchervertrauen auf Dauer verspielt wird.

«In Sachen Rückrufe war 2005 ein Mega-Jahr. Nie zuvor mussten so viele Autos nachgebessert werden», schrieb die *ADAC Motorwelt* in ihrer Ausgabe 2/2006. Andere Branchen sind auch nicht besser dran. Schlimm ist nicht nur, dass das passiert, viel schlimmer ist, wie manche Hersteller damit umgehen. Nicht selten wird den Kunden mit dem Rückruf gleich etwas Neues zum Kauf angeboten (die Rückrufaktion als Vorwand?). Auf den Kosten für die Rückgabe (Transport, Verpackung, Porto) bleiben die Käufer meist sitzen. Kein Wunder, wenn sie schnellstmöglich die Marke wechseln.

3.3.4.5. Gefährlich: der Mangel an Soft-Skills

Die Soft-Skills sind weit weniger greifbar und haben vor allem mit der Erwartungshaltung des Kunden zu tun. Erwartungen speisen sich aus den unterschiedlichsten Quellen und werden mit der erhaltenen Leistung verglichen. Dieser Prozess des Abgleichens ist immer subjektiv, er vollzieht sich mehr oder weniger unbewusst und ist stimmungsabhängig.

Eine positive Grundstimmung lässt das Ergebnis besser ausfallen, eine negative Stimmung beeinträchtigt es deutlich. Bei guter Laune sind unsere Kauflustzentren aktiviert. Wir kaufen mehr – und sind weniger kritisch. Wir tragen sozusagen eine rosarote Brille und sehen über kleine Pannen milde hinweg.

Bei schlechter Laune geht das Ganze ab nach unten. Wir sehen alles grau in grau – und jeder kleinste Fehler ist ein Drama. Manche Kunden erinnern sich eher an einen einzigen Fehler als an hundert Spitzenleistungen. Missverständnisse werden zu Kardinalfehlern aufgebauscht, eine Verkettung unglücklicher Umstände mutiert zur bodenlosen Schlamperei. Alles wird auf die Goldwaage gelegt. Reklamationen kommen wie an den Haaren herbeigezogen daher. Rein subjektiv fühlt sich der Kunde im Recht. Und macht sich (wortlos) von dannen.

Hier eine Reihe softer Fakten, die zu Kundenabwanderungen führen können:

- zu wenig Kundenkontakt, die Kunden fühlen sich vergessen
- unhöfliches bzw. unfreundliches Verhalten der Bezugspersonen
- mangelndes Interesse an den Belangen des Kunden
- mangelndes Einfühlungsvermögen

- mangelnde Flexibilität (wegen bürokratischer Strukturen)
- Disharmonie zwischen Kunde und Verkäufer
- häufiger Wechsel von Ansprechpartnern
- schlechtes bzw. unkulantes Beschwerdemanagement
- Unsicherheit aufgrund negativer Presseberichte bzw. Gerede

3.3.4.6. Zwischen Enttäuschung und Begeisterung

Jede Kundenbeziehung ist ein Wechselbad der Gefühle und oszilliert zwischen Begeisterung und Enttäuschung. Eine Kernfrage, die deshalb immer wieder zu stellen ist, lautet: «Welche Erwartungen haben unsere Kunden an uns? Und: «Wie können wir diese (immer wieder, deutlich) übertreffen?» Und: «Wie können wir sicher sein, dass unsere Vermutungen stimmen?» Dem Kunden kommt es womöglich gar nicht auf den ganzen Service-Schnickschnack an, der bei Ihnen eine Kostenexplosion verursacht. Für ihn müssen zunächst die Kernleistungen stimmen. Einfach, praktisch und schnell soll es gehen. Und die Mitarbeiter sollen zuvorkommend (im wahrsten Sinne des Wortes), achtsam, freundlich, kompetent und hilfsbereit sein. Wer im Supermarkt immer ewig an der Kasse warten muss, wenn er es eilig hat, den kann selbst die aufwändigste Kostenlos-Probieraktion nicht locken. Und wer ein Fitness-Studio schmuddelig findet, der geht nicht einmal mit einem dicken Geschenk-Gutschein dorthin.

Der Erwartungsabgleich umfasst sowohl Erlebnisse mit Ihren Leistungen als auch solche mit anderen Anbietern. Wer einmal in einem Kettenhotel schlechte Erfahrungen gemacht hat, wird zunächst in jedem Hotel der gleichen Marke vorsichtig sein. Und wenn das, was in dieser Kategorie als üblich gilt, dort nicht geboten wird, ist die Enttäuschung groß.

Die Erinnerungen an gemachte Erfahrungen entsprechen im Übrigen nie der Realität. Sie sind gefärbt durch positive oder negative Grundstimmungen, durch Vorlieben und Abneigungen und durch selektive Wahrnehmung. Vergessenslücken füllt uns Hirn praktischerweise mit scheinbar passendem Material. So kommt es, dass die gleiche Situation sich völlig verschiedenartig darstellt, wenn zwei Menschen davon erzählen. Fragen Sie einmal Ehepaare nach zurückliegenden Urlaubserlebnissen, und Sie wissen, was ich meine.

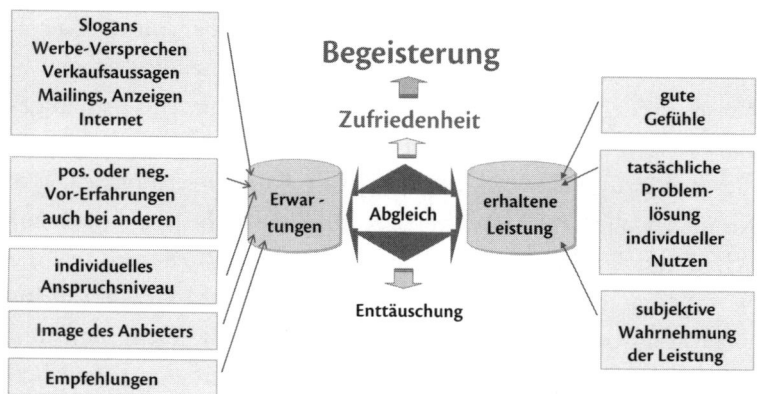

Abb. 5: Der Abgleich zwischen Kundenerwartungen und erhaltener Leistung führt zu Enttäuschung, Zufriedenheit oder Begeisterung. Sowohl der Erwartungstopf als auch der Topf der erhaltenen Leistungen speisen sich aus den unterschiedlichsten, immer subjektiv wahrgenommenen Aspekten.

Das Image eines Unternehmens beinhaltet all das Wissen, das wir über die Marke, das Angebot bzw. die Firma und deren Menschen – aus eigenem Erleben und/oder vom Hörensagen – für abspeicherungswürdig gehalten haben. Bei Firmen mit einem guten Image und hochpreisigen Produkten ist die Erwartungshaltung zwangsläufig höher. Sie dürfen sich demnach weniger Pannen erlauben. Je mehr er zahlt, desto gnadenloser ist der Verbraucher.

Jedes (Werbe-)Versprechen ist eine unbezahlte Schuld. Leider produzieren Werbeagenturen allzu gerne recht vollmundige Werbeaussagen, ohne sich richtig zu überlegen, wie sich diese im wahren Leben einlösen lassen. Die Erwartungshaltung der Kunden wird künstlich hochgeschraubt – und Enttäuschungen sind somit vorprogrammiert. Also: Lieber weniger versprechen und mehr erfüllen. Vor allem aber muss im Vorfeld einer Kampagne mit den Mitarbeitern gemeinsam erarbeitet werden, wie sie die aufkommenden Kundenerwartungen erfüllen können – und wollen.

Edeka, die Nummer drei im deutschen Lebensmittel-Einzelhandel, hat beispielsweise mit der Imagekampagne «Wir lieben Lebensmittel» einen Weg beschritten, der sich wohltuend vom allgegenwärtigen Preisgeschrei absetzt. Entscheidend ist allerdings, wie dieser Slogan gelebt wird. Denn er ist ein Kundenversprechen. Wir Kunden wollen nun hochwertige, absolut frische, ästhetisch zur Schau gestellte Lebensmittel kaufen. Wir wollen erleben, wie die Ware gehätschelt und getätschelt wird, wenn die Mitarbeiter sie ins Regal räumen. Wir wollen die Wurst würdevoll geschnitten und den Käse nobel gehobelt sehen. Wir warten auf den liebevollen Griff der Kassiererin nach den Produkten auf dem Band. Agiert das Personal dagegen uninteressiert und abweisend wie immer und hängen zudem die «Wir lieben Lebensmittel»-Schilder auch über den Damenstrümpfen im Non-Food-Bereich, dann ist klar: Die Mitarbeiter haben von alldem nichts verstanden. Weil sie eben offensichtlich nicht eingestimmt wurden. Das ist sehr enttäuschend.

Alle erhaltenen Leistungen werden vom Kunden subjektiv bewertet. Für ihn ist *das* Realität, was er wahrnimmt. Ein warmer Sommerregen kann im richtigen Moment das pure Vergnügen und im falschen eine mittlere Katastrophe sein. Wir sprechen von gefühltem Wetter und von gefühlter Zeit. Das verlängerte Urlaubswochenende ist ruckzuck vorbei. Wenn wir allerdings mit wildfremden Menschen eine kleine Reise im Aufzug unternehmen, will die Zeit so gar nicht vergehen.

Die Wirklichkeit ist also nichts als eine Simulation unseres Gehirns. Die wahrgenommene Realität, unser Bild von der Welt, wird ja dort erst produziert. Aus einem Bier wird erst ein Bier, nachdem die elektrischen Impulse, die unsere Sinnesorgane ans Hirn schicken, über verschiedene Bearbeitungsschritte erfolgreich miteinander verknüpft wurden. Und ob wir es begehrenswert finden und trinken wollen, darüber entscheidet unsere Stoffwechselsituation – und unsere Vorerfahrung. Immer dann, wenn es Entscheidungen zu treffen gilt, werden in blitzschnellen Schritten und ohne dass unser Denkhirn groß involviert ist, Vorerfahrungen abgefragt.

Der erste und der letzte Eindruck sowie die positiven und negativen «Momente der Wahrheit» (Jan Carlson), also die Interaktionspunkte mit den Mitarbeitern und der Marke, prägen die abschließende Bewertung in besonderem Maße. Dabei ist Folgendes zu beachten:

Negatives vor Positivem: Potenzielle Gefahren signalisieren dringenden Handlungsbedarf. Deshalb richten wir unseren Fokus zunächst auf das Negative. «Menschen sehen ein wütendes Gesicht in einer fröhlichen Menge viel schneller als ein fröhliches Gesicht in einer wütenden Menge», so der Psychologe Robert Levine. Negatives bleibt uns länger im Gedächtnis als Positives. Und über Negatives reden wir mehr. «Es braucht fünf positive Erlebnisse, um ein negatives auszugleichen», sagt treffend der Volksmund.

Unangenehmes sofort und am Stück: Sprechen Sie etwaig Unangenehmes unbedingt an und platzieren Sie es so früh wie möglich im Serviceprozess, damit es nicht das ganze Kauferlebnis überschattet. Dabei sollte der Kunde durch Fragen in die Gestaltung der Lösung miteinbezogen werden, um die Sache für ihn so erträglich wie möglich zu machen. So fühlen wir uns den Dingen nicht hilflos ausgeliefert und behalten die Kontrolle. Unangenehmes wollen wir am besten am Stück und so schnell wie möglich hinter uns bringen, um uns anschließend auf Besseres zu freuen. Es ist das Prinzip Hoffnung, der Silberstreif am Horizont. Das Gute soll über das Böse siegen.

Angenehmes in kleinen Dosen: Während Unerfreuliches in einem Aufwasch präsentiert werden sollte, verteilen Sie positive

Erfahrungen drumherum bzw. über den gesamten Kaufprozess. Im Verkauf heißt diese Technik «bittere Pille». Das Heikle wird mit Zuckerguss umhüllt. Positives sollte immer wieder eingestreut und in kleinen Häppchen als Überraschung präsentiert werden. Jeder Moment des Glücks macht Lust auf mehr. Und Vorfreude ist bekanntlich die schönste Freude.

Der letzte Eindruck prägt: Setzen Sie etwas Angenehmes an den Anfang und insbesondere an den Schluss des Kundenerlebnisses. Im Handel etwa wird diese Regel meist sträflich vernachlässigt. Oder finden Sie es dort, wo Sie einkaufen, an der Kasse schön? Der letzte Eindruck löst im Gehirn so etwas wie einen Echo-Effekt aus und bleibt daher besonders lange haften.

Rituale schaffen: Ritualisieren Sie Abläufe und verknüpfen Sie diese mit positiven Momenten. Vorhersehbarkeit, Berechenbarkeit und Vertrautheit sind die Grundlage für Vertrauen. Über Wiederholungen entstehen dauerhafte Verknüpfungen im Hirn, und dies wiederum fördert die Kundentreue. Wer kündigt schon alle seine Konten bei einer Bank, wenn er sich jedes Mal von Neuem auf die Charme-Offensive seines Beraters freut.

Begründungen geben: Begründen Sie, weshalb eine Sache besonders gut oder schlecht läuft. Unser Gehirn will verstehen, wie etwas funktioniert. Erhält es keine Erklärungen, füllt es solche Leerräume mit Annahmen und reimt sich die Dinge zurecht. So entstehen Mutmaßungen und Gerüchte – leider meist nicht gerade die, die Ihnen nützlich sind.

Dazu eine kleine Geschichte: Die armen Studenten von der Harvard University, die ständig für irgendwelche Experimente herhalten müssen, wurden einmal mit folgender Aufgabe konfrontiert: An einer langen Schlange vor einem Kopierer mussten sie vorbei, um die erste Person in der Reihe zu fragen: «Entschuldigung, ich habe fünf Seiten. Würden Sie mich bitte vorlassen?» 60 Prozent stimmten zu. Dann wurde der Satz mit einer Begründung versehen. «Entschuldigung, ich habe fünf Seiten. Würden

Sie mich bitte vorlassen, weil ich Kopien machen muss?» Diesmal stimmten 93 Prozent zu. Das Zauberwort heißt: *weil*.

3.3.4.7. Das Kundenkontaktmanagement

Am besten listen Sie einmal alle Kontaktpunkte, die ein Kunde im Rahmen eines Kaufprozesses bzw. im Rahmen der Nutzungsbeziehung mit Ihren Produkten hat, chronologisch auf – und zwar aus Sicht des Kunden betrachtet.

Dann erarbeiten Sie gemeinsam mit allen Mitarbeitern, mit denen der Kunde an diesen Kontaktpunkten direkt oder indirekt in Berührung kommt, die möglichen Erlebnisse, die er dort hat oder haben könnte. Listen Sie sowohl die kritischen Ereignisse als auch die positiven Geschehnisse, die ihm dort widerfahren – oder im schlimmsten Fall widerfahren könnten. Was sind besonders heikle Momente? Wann stellt sich ein Moment großer Freude ein? Was sind die einzelnen Begeisterungs- und was die Enttäuschungsfaktoren an den jeweiligen Kontaktpunkten? Was könnte hier die Geschäftsbeziehung intensivieren und wo lauern massive Abwanderungsrisiken?

Und weiter: Welche faktischen und welche emotionalen Erfahrungen macht ein Kunde an jeder Station? Wird er angenehm überrascht sein oder bekommt er bereits beim ersten Kontakt einen Schrecken? Bewacht ein leibhaftiger Cerberus Ihren Empfang oder Ihre Telefonzentrale? Machen Ihre Mitarbeiter Dienst nach (ISO-Norm-)Vorschrift, oder wachsen sie auch schon mal über sich hinaus, um Kunden zu betören?

3.3.4.8. Selber schuld

Einige Anbieter im Markt nötigen ihre Kunden durch unkluges Verhalten geradezu, sich nach Besserem umzusehen.

So erhielten Kündiger eines Mobilfunkanbieters Bestätigungsschreiben für ihre Kündigung ohne den geringsten Versuch einer Rückgewinnungsinitiative. Schon das allein macht ein schlechtes Gefühl. Gleichzeitig wurden sie aber zugeballert mit Neuakquise-Angeboten, die deutlich unter den zuletzt bezahlten Tarifen lagen. Abgesehen davon, dass sich ein solcher Kunde vera...t vorkommt, wird er sehr schnell lernen: Wer Verträge kündigt, ist schlau, denn er erhält bessere neue Tarife. Wer Verträge nicht kündigt, ist dumm, denn er zahlt die höchsten Tarife.

Im Klartext heißt das: Konditionenhascher werden belohnt, loyale Kunden werden bestraft. «Mit jemandem müssen wir ja schließlich Gewinne machen», sagte mir daraufhin der Produktmanager eines Telekommunikationsanbieters. Da fällt ein einigermaßen intelligent denkender Mensch vom Glauben ab. Meint der Mann wirklich, dass seine Stammkunden das noch lange mit sich machen lassen? Wer loyale Kunden will, muss *ihnen* die attraktivsten Angebote machen. Das ist doch der beste Anreiz, nicht ständig zu wechseln.

Zweiter Fall: die Abo-Werbung der Zeitschriften-Verlage. Wer das Abo eines großen Nachrichten-Magazins kündigte, erhielt einen Anruf vom Verlag, in dem eine Gutschrift von 40 Euro auf den erneuten Bezug der Zeitschrift angeboten wurde. Man stelle sich das mal vor: Der treue Leser zahlt brav weiterhin 130 Euro pro Jahr, wer kündigt und dann wieder abonniert, nur noch 90 Euro. Das war 2005. In 2006 kam es noch besser: Bei Neuabschluss wurden zehn Gratisexemplare angeboten, danach ein stark reduziertes Anschluss-Abo mit jederzeitigem Kündigungsrecht. «Ich habe schon ein Abo, wissen Sie das denn nicht? Soll ich das jetzt wieder kündigen, damit es für mich noch billiger wird?», frage ich. Darauf der Call-Center-Agent: «Dazu darf ich Ihnen nichts sagen, aber ich rufe Sie gerne in zwei Wochen noch mal an.» Da kann man nur hoffen, dass so viel Mangel an Weitblick mit einer gewaltigen Kündigungslawine belohnt wird.

Dritter Fall: Banken werben mit Null-Gebühren-Konten für Privatkunden. Mancherorts laufen Bankangestellte schon in den Fußgänger-Zonen herum und verschenken kostenlose Willkommensdepots. So geht man dort auf Neukunden-Fang. Langjährige treue Kunden sollen dagegen schön brav die üblichen Gebühren zahlen. Wollen die nun auch ein kostenfreies Konto, sind die Angestellten gehalten, den Kunden das auszureden. Sind diese nicht umzustimmen, muss sich der arme Berater bei seinem Vorgesetzten das Okay für «kostenfrei stellen» holen. Dazu muss er einen guten Grund vortragen und merkt, was *nicht* funktioniert: «Der Kunde ist uns seit 27 Jahren treu, und dafür sollten wir ihn eigentlich belohnen.» Die Begründung, die funktioniert: «Der Kunde will weg.» Wenn das Okay nicht erteilt wird, löst der Kunde womöglich sein Konto auf, was eine Menge administrativer Kosten verursacht. Wenig später kehrt er zurück, um ein kostenfreies Willkommenskonto zu eröffnen, wieder verbunden mit jeder Menge Administration. Paradox? Ja! Merkt das die Bank denn nicht selbst? Nein! Der Projektverantwortliche «Willkommenskonto» berichtet stolz vom Erfolg seiner Aktion, die jede Woche 500 neue Kunden bringt. Dass genau diese Aktion der Grund für 400 kostenintensive Kundenabwanderungen ist, das interessiert niemanden. – Herr, schick Hirn herunter! Es wird dringend gebraucht.

Klassische Geldinstitute verlieren derzeit *ein* Prozent ihrer Bilanzsumme an Direktbanken. Man kann darüber jammern – oder sich seine Kunden von dort zurückholen, wie die Volksbank Detmold prima zeigt. Aus einem Mitarbeiterwettbewerb heraus entstand die Idee zu Doris daily. Doris steht für DAX ohne Risiko, daily für die tägliche Verfügbarkeit. «Um einerseits die Kundenabwanderungen zu stoppen und andererseits rentabel zu wirtschaften, haben wir Doris daily eingeführt. Dabei sind die Zinsen an die Entwicklung der Aktienbörse gekoppelt. Der Kunde profitiert von einem Anstieg des DAX, Verluste bei sinkender Börse sind ausgeschlossen», erläutert Vorstandssprecher Günter Vogt und weiter:

«Allein von einer der großen Direktbanken sind innerhalb von sechs Monaten 1,56 Mio. Euro wieder zu uns zurückgeflossen.» Das Beispiel zeigt: Besser *nicht* mit den Waffen der Widersacher zurückschlagen, sondern etwas finden, das der andere so nicht kann. Oder anders gesagt: Sie können Aldi nicht mit Aldi schlagen.

3.3.5. Im Wettbewerberverhalten begründet

Wie leicht machen Sie es dem Wettbewerb, Ihre Kunden zu erobern? Und damit meine ich nicht die Wechselbarrieren, die manche Firmen so gerne aufstellen, weil sie glauben, eingesperrte Kunden blieben einem länger treu. Das Gegenteil ist der Fall. Kunden bleiben Ihnen eher treu, wenn sie Ihnen treu bleiben *wollen,* und nicht, wenn sie das müssen. «Wenn wir andere ängstlich überwachen, überwachen wir uns schließlich selbst, weil die Mauern, die wir für andere bauen, uns schließlich selbst umgeben», meint sinnigerweise Reinhard K. Sprenger in seinem Buch *Vertrauen führt.*

Aus Kundensicht gibt es viele Gründe, weshalb ein Mitbewerber attraktiver erscheinen kann:

- Er hört sich so aufregend anders an.
- Er ist gerade in Mode und alle reden gut über ihn.
- Er hat ein besseres Image am Markt.
- Er macht vieles, was Sie falsch machen, richtig.
- Er kauft die Kunden mit Kampfpreisen regelrecht weg.
- Er hat eine Technologie entwickelt, die der Ihren überlegen ist.
- Er bietet wertvolle Dienstleistungen, die Sie nicht bieten können.
- Er hat die fachlich und menschlich besseren Verkäufer.

Oder er hat den Lieblingsansprechpartner eingestellt, den Sie gerade entlassen haben. Kunden sind ja oft dem Mitarbeiter gegenüber treu und nicht der Marke und dem Anbieter. Und Verkäufer nehmen gerne ihre Kunden mit, wenn sie das Unternehmen wechseln.

Unternehmen, die eine hohe (natürliche oder von Controllern verordnete) Mitarbeiterfluktuation haben, werden also auch viele Kunden verlieren. Zu manch (austauschbarem) Dienstleister gehen die Kunden ja nur wegen dieser einen freundlichen Person, die einen schon so lange kennt.

Wer abgeworben wurde, ist jedoch nicht für immer verloren. Viele dieser Kunden kommen gerne wieder. Weil die Konkurrenz nicht hielt, was sie versprach. Weil niedrige Preise meist auch niedrige Qualität bedeuten. Weil sich Komplikationen ergaben. Wichtig, dann schnell zur Stelle zu sein, um dem Ex zu signalisieren, dass Sie ihn gerne wiederhätten. Und dass, sobald etwaige Verträge ausgelaufen sind, Ihre Türen für ihn weit offen stehen.

Sobald klar ist, dass die ersten Kunden zum Wettbewerb überlaufen, gehen alle Warnlampen auf Rot. Abgesprungene Kunden können sehr wertvolle Hinweise darauf geben, welche neuen Strategien die Konkurrenz verfolgt. Besser allerdings, diese Hausaufgaben schon im Vorfeld zu machen. So könnten etwa folgende Fragen interessieren: Welche neuen Produkte bringt der Mitbewerber demnächst auf den Markt? Was weiß ich über sie? Welche objektiven Stärken und Schwächen haben sie? Mit welchen Mitbewerbern arbeitet mein Kunde außerdem noch zusammen? In welchem Umfang? Zu welchen Konditionen? Mit welcher Priorität? Seit wann? Zu welchen Preisen? Wie zufrieden? Bestehen Abhängigkeiten? Gibt es Probleme?

Finden Sie ein gesundes Mittelmaß, wenn es um die Konkurrenzbeobachtung geht. Meine Erfahrungen zeigen, dass die Konkurrenz oft unterschätzt und die eigenen Leistungen überschätzt werden. Man redet sich quasi den Feind klein. Andere wiederum fokussieren zu stark auf die Mitbewerber. Sie sitzen wie die Katze vor dem Loch und warten darauf, was wohl als Nächstes geschieht. Das ist defensiv. Hier wird nur reagiert. Eine offensive Strategie fokussiert auf Alleinstellungsmerkmale, die schwer kopierbar sind. Die Schlüsselfragen, die dabei zu stellen sind, lauten:

- Lohnt sich aus Kundensicht ein Kauf unserer Leistung wirklich?
- Was macht unsere Leistung für unsere Kunden herausragend, unverwechselbar, unique? Was spricht sie rational und emotional besonders an? Und wie lässt sich das glaubhaft kommunizieren?
- Was können wir wahrnehmbar besser als unsere Mitbewerber? Ist dies für unsere Zielgruppen überhaupt relevant? Und ist es ihnen wirklich bekannt? Wie oft und wie eingängig sagen wir es ihnen?
- Wie lässt sich unsere Leistung im Interesse des Kunden weiter verbessern? Welches Feedback holen wir dazu laufend bei Mitarbeitern und (wechselbereiten) Kunden ein?
- Gehen wirklich alle Mitarbeiter des Hauses kundenfokussiert vor? Haben sie hierzu das notwendige Training erhalten? Wollen sie auch? Und wie gefällt das den Kunden?

Nutzen Sie jede sich bietende Chance und befragen Sie zurückgewonnene Kunden über das, was sie bei Ihren Mitbewerbern erlebt haben. Und mit welchen Besonderheiten sie dort umschwärmt wurden. Versuchen Sie unbedingt auch herauszufinden, weshalb manche Kunden nicht wieder zurückwollen. So hart die nackte Wahrheit auch sein kann: Sie werden eine Menge daraus lernen. Denn Ihr Ziel ist es ja, abwanderungsbereite und kündigungswillige Kunden zurückzuhalten, Wechseltendenzen einzudämmen und die zukünftigen Verluste profitabler Kunden weitestgehend zu vermeiden.

4. Die Maßnahmen zur Rückgewinnung

Nun haben Sie also Ihre abgewanderten Kunden identifiziert und die vielfältigen möglichen Verlustursachen eingehend analysiert. Im folgenden Schritt geht es nun darum, die lukrativen unter den verlorenen Kunden zu reaktivieren. Hierbei ist zu definieren, wer dies auf welche Weise mit welchen Mitteln und auf welche Art und Weise erbringen soll.

Bevor wir aber detailliert zu planen beginnen, wollen wir einen kurzen Blick in das menschliche Oberstübchen werfen. Dies, um zu sehen, wie es Entscheidungen trifft, wann es kauft, wann es sich auf die Flucht begibt und unter welchen Umständen es bereit ist, wieder zu uns zurückzukehren.

4.1. Die Neuro-Psychologie der Kundenrückgewinnung

Bei der Kundenrückgewinnung wirken die gleichen Prinzipien, die für jedes Verkaufen gültig sind: Menschen kaufen niemals Produkte. Sie kaufen auch nur scheinbar Problemlösungen. In Wirklichkeit kaufen sie gute Gefühle. Für emotionale Pluspunkte sind wir gerne bereit, einen Aufpreis zu zahlen. Nicht wer die billigsten Preise hat, sondern wer einen emotionalen Logenplatz im Kundenhirn besitzt, macht auf Dauer das Rennen.

4.1.1. Was Menschen wirklich kaufen

Wer immer noch Produkte verkauft, ist austauschbar und sofort im reinen Preiswettbewerb. Er wird schnell Kunden verlieren und hat kein einziges Argument, diese zurückzuerobern.

Testen Sie selbst:

Friseur 1: Waschen, schneiden, selber föhnen: Aktionspreis 15 Euro.

Friseur 2: Wir machen unsere Kunden um zehn Jahre jünger.

Wenn Sie nicht gerade zu den ganz Jungen gehören: Welchen Meisterhänden würden Sie Ihre Haarpracht am liebsten anvertrauen? Welcher Friseur hat am Ende des Tages mehr Geld in der Kasse? Wer wird die wenigsten Kunden verlieren? Und in dem Wissen, es gibt mehr Alte als Junge: Wer wird auf Dauer erfolgreicher sein?

Begeben wir uns nun auf eine längere Reise mit dem Zug.

Zugchef 1: «Das Bordrestaurant befindet sich im Wagen mit der Ordnungsnummer 10.» (Standarddurchsage)

Zugchef 2: «Wenn Sie ein Kribbeln im Bauch verspüren, ja, dann ist das Hunger. Oder haben Sie vielleicht Lust auf ein kühles Pils? Dann nichts wie ab in den Wagen mit der Nummer 10, unser Restaurant. Da ist der Mittagstisch schon für Sie gedeckt. Wir wünschen einen guten Appetit.» (Originaldurchsage von Zugführer Hildebert Schulz)

Wem gelingt es wohl eher, Gäste ins Zugrestaurant zu locken?

Oder stellen Sie sich vor, Sie müssten sich an einen Chirurgen wenden, um einen kleinen ambulanten Eingriff machen zu lassen. In wessen vertrauensvolle Hände würden Sie sich lieber begeben?

Arzt 1: Herr Dr. med. Wolfgang Meyer hat mehrere Jahre an einer Universitätsklinik gearbeitet.

Arzt 2: Herr Dr. med. Walter Müller ist 44 Jahre alt. Er ist verheiratet und hat zwei Kinder. Er hat viele Jahre lang an einer renommierten Universitätsklinik Erfahrungen gesammelt. Er ist aktives Mitglied im städtischen Kunstverein.

Wenn ich obige Frage in meinen Seminaren stelle, würden nahezu 100 Prozent aller Frauen und etwa 80 Prozent aller Männer den zweiten Arzt vorziehen. Sein Geheimnis? Er verkauft sich und seine Leistung emotional.

4.1.2. Emotionen haben Vorfahrt

Die Emotionen sind ganz schön in Mode gekommen. Und das mit Recht. Wer sich unter verkaufsrelevanten Gesichtspunkten mit unseren Hirnfunktionen näher auseinander setzt, kommt aus dem Staunen nicht mehr heraus. Immer mehr Studien belegen, was intuitiv begabte Verkäufer mit gutem Bauchgefühl schon immer ahnten: Denken, fühlen, entscheiden und handeln sind emotional miteinander verbunden und verlaufen im Wesentlichen unbewusst.

Die Emotionen sind die wesentlichen Treiber menschlichen Verhaltens. Für das, was hinter den mehr oder weniger verschlossenen Türen des Unterbewusstseins blitzschnell und ohne unser Zutun passiert, suchen wir erst im Nachklang die Gründe, die plausibel klingen. Und an die man schließlich selber glaubt. Der Mensch entscheidet sich emotional – und begründet diese Entscheidungen rational.

Ohne Gefühle ist kein vernünftiges Handeln möglich. Und mehr noch: Emotionen haben bei jeder Entscheidung Vorfahrt. Das bedeutet: Wenn wir auch noch so stolz auf unser Denkhirn sind: Eine rein sachliche Entscheidung gibt es nicht. Den «Homo oeconomicus», der seine Entscheidungen vollkommen rational trifft und nur auf seinen Nutzen bedacht ist, den hat es nie gegeben. Weder im Consumer-Geschäft noch im Business-to-Business-Bereich. Und auch nicht bei der Kundenrückgewinnung.

Sogar reine Geldentscheidungen sind in Wirklichkeit emotionale Entscheidungen. Geld ist ja eine hoch emotionale Sache. Schnäppchenkäufe sind nichts anderes als Beutezüge. Selbst eine offensichtlich so sachliche Aussage wie: «Ich habe das Angebot A gewählt, weil es das billigste war» ist in eine Fülle emotionaler Wertungen eingebettet. Denn Kaufentscheidungen sind nichts anderes als eine emotional gesteuerte Nutzenrechnung.

4.1.3. Denn sie wissen nicht, was sie tun

Der umgangssprachlich gerne Reptilienhirn genannte evolutionär ältere Teil unseres Gehirns, unser limbisches System, trifft in Abstimmung mit unserem Großhirn völlig unbewusst, und ohne dass wir dies stark beeinflussen können, ständig überlebenswichtige Entscheidungen: gut für uns oder schlecht für uns. Gut für uns wird mit einem angenehmen, schlecht für uns mit einem unangenehmen Gefühl belohnt.

Dies wird verursacht durch Botenstoffe wie Serotonin, Dopamin, Oxytocin, Cortisol und Adrenalin. Deren Ausschüttung erfolgt zwar durch das Gehirn, wir nehmen sie jedoch als körperliche Reaktionen wahr, beispielsweise im Bereich der inneren Organe. Daher Bauchgefühl. Wir seien Marionetten unserer Hormone, rufen die Hirnforscher all denen zu, die auf ihren «freien» Willen so besonders stolz sind. Dabei gibt uns unser Gehirn das gute Gefühl, frei zu entscheiden. Clever gemacht!

Oft können Kunden keine Auskunft über die wahren Gründe für ihr Verhalten geben – oder sie machen sich selbst etwas vor. Denn vieles, was im Unterbewussten passiert, ist dem Verstand nicht zugänglich. Und dennoch: Wir alle suchen und finden ständig plausibel klingende Erklärungen, weshalb wir etwas tun – und anderes hassen wie die Pest. Wobei uns manches geradezu «aus der Luft gegriffen» erscheint.

Zum Beweis stimulierten Wissenschaftler Ende der 90er Jahre in Los Angeles mit Elektroden die für das Lachen zuständige Hirnregion einer Probantin, woraufhin diese unvermittelt lachen musste. Fragte man sie nun, weshalb sie so schallend lache, erfand sie dafür scheinbar logische Begründungen. Zeigte man ihr etwa gleichzeitig das Bild eines Pferdes, so sagte sie, das Pferd sähe furchtbar lustig aus. Gab man ihr einen Text zu lesen, so meinte sie, dieser Text bringe sie zum Lachen.

Die meisten Entscheidungen, so sagen uns die Gehirnforscher, hat unser Gehirn schon getroffen, bevor wir uns dessen bewusst sind. Kein Wunder, dass wir uns manchmal entschuldigen müssen für ein unpassendes Wort, das uns so rausgerutscht ist – obwohl sich das Hirn größte Mühe gab, seine wahren Beweggründe zu tarnen. Oft sind wir nur noch der rationalisierende Ausführer, der sich selbst und anderen erklärt, warum eine Entscheidung genau so und nicht anders ausgefallen ist.

4.1.4. Glück macht süchtig

«Zu dem, der lächelt, kommt das Glück», sagt ein japanisches Sprichwort. All denen, die unerschütterlich an das Positive glauben, gibt die Gehirnforschung Recht. Immer dann, wenn wir etwas gedacht oder getan haben, das aus Sicht des Gehirns eine Belohnung verdient, werden Glückshormone ausgeschüttet.

Diese körpereigenen Opiate, den Drogen chemisch sehr ähnlich, geben uns ein wohliges Gefühl, sie machen uns je nach Art und Dosierung glücklich, euphorisch, ekstatisch. Und sie machen uns süchtig. Davon wollen wir mehr! Ausdauernde Läufer kennen dieses Phänomen als «Runners-High». Der Körper belohnt uns für eine gelungene Flucht. Wir sind noch mal davongekommen.

Positive Gefühle sagen uns, was wir tun, und negative, was wir besser lassen sollten. Diese Strategie der Natur hilft uns nicht nur, zu überleben, sondern kann auch unsere Lebensqualität bemerkenswert verbessern. So hat die Evolution es eingerichtet, dass der Mensch ständig auf der Suche nach guten Gefühlen ist. Zu Hause genauso wie in der Arbeit.

Für die Kundenrückgewinnung bedeutet dies: Wem es gelingt, eine Wohlfühl-Atmosphäre zu gestalten, für «Brain-Convenience» zu sorgen, eine positive Stimmung zu erzeugen, dem Kunden Momente des Glücks zu verschaffen, der wird dauerhaft erfolgreich sein. Momente des Glücks sind die wertvollsten Momente im Leben eines Menschen. Wer sich wohl fühlt, wer ein gutes Gefühl hat, wer sich bestätigt fühlt, kauft eher – und mehr. So werden Kauflust-Zentren aktiviert, das Geld sitzt deutlich lockerer. «Billig-billig» als alleiniges Rückkehrkriterium tritt dabei meist in den Hintergrund.

4.1.5. Angst lähmt und macht dumm

Negatives lähmt. Angst paralysiert und macht dumm. Die Erklärung dafür ist einfach: Bei Angst, Bedrohung und Stress sind die Verbindungsstellen zwischen den einzelnen Hirnzellen, die sogenannten synaptischen Spalten, blockiert. Dort können die Hirnströme nicht mehr ungehindert fließen, und wir können nicht mehr klar denken. Die Folge: ein Blackout. Produktivität, Kreativität und Intuition fallen dabei in ein Leistungstief.

Über Druck und Unbehagen zu verkaufen bzw. Kunden reaktivieren zu wollen ist genauso falsch wie über Angst zu führen. Beides mag zwar zu kurzfristigen Erfolgen führen, auf Dauer ist es aber zerstörerisch. Denn Angst ist Gift für die Seele. Unser Hirn antwortet darauf mit Abwehrmechanismen und Vermeidungsstrategien.

Im Rückgewinnungsmanagement ist dieses Wissen von besonderer Relevanz. Der mit Angst verbundene Fluchtreflex führt dazu, dass Unternehmen manchmal in unglaublich kurzer Zeit massenhaft Kunden verlieren. Dem liegt der Herdentrieb zugrunde. Beobachten Sie das einmal in der Natur. Wenn ein Tier Angst zeigt und Gefahr signalisiert, flüchtet die ganze Herde. Das Gleiche gilt für den Menschen. Wird bei anderen Furcht oder Panik erkannt, wird auch das eigene Hirn unruhig und schaltet auf Rückzug. Spiegelneurone, über die wir noch sprechen werden, sind hierfür verantwortlich.

4.2. Die Planung der Maßnahmen

Sie erkennen sichtbare Zeichen dafür, dass der Kunde auf dem Absprung ist? Reagieren Sie sofort! Selbst nach einer ausgesprochenen Kündigung bleibt Ihnen noch Handlungsspielraum. Denn meist ist eine Restlaufzeit einzuhalten. Und nicht immer sind die neuen Verträge bereits unterschrieben.

Wird also die Kündigung angedroht oder liegt sie bereits auf dem Tisch, muss es schnell gehen. Hierzu benötigen Sie einen Plan und ein systematisches Vorgehen. Folgende Entscheidungen sind zu treffen:

- Welche Kunden wollen Sie überhaupt zurück?
- Wer soll die verlorenen Kunden ansprechen?
- Was wollen Sie diesen anbieten?
- Wann soll dies erfolgen?
- Wie viel Budget steht dazu bereit?
- Wie wollen Sie im Einzelnen vorgehen?

Das Vorgehen wird fallweise von den Charakteristika der jeweiligen Märkte bestimmt. Es gibt, um es einmal ganz geschwollen im «Managerspeak» der klassischen Unternehmensberatungen auszudrücken, «Lost-for-Good-Märkte» und «Always-a-Share-Märkte». Im ersten Fall sind die Kunden, etwa durch Verträge und lange Nutzungszeiten wie in der Investitionsgüterindustrie, auf eine bestimmte Dauer an ihren Anbieter gebunden. Im zweiten Fall ist ein Anbieterwechsel – wie beispielsweise im Internet, im Konsumgüterbereich oder im Handel – denkbar einfach, die Märkte sind volatil und die Wechselbereitschaft der Kunden ist hoch.

Neben der individuellen Abwanderungshistorie einzelner Kunden kann es, wie gerade schon aufgezeigt, auch zur Massenflucht kommen. Zum Beispiel nach Bekanntwerden eines groben Fehlverhaltens. Für solche Fälle brauchen Sie ein fertiges Konzept in der Schublade. Wenn Sie einen PR-Krisenplan für Presse und Öffentlichkeit haben, finden Sie darin vielleicht einige Anregungen, die Ihnen – was niemandem zu wünschen ist – auch bei der Bewältigung einer Kündigungslawine helfen können.

4.2.1. Wen? Segmentierung in rentable und unrentable Kunden

Nicht jeden Kunden wollen Sie zurück. Die Abwanderung wertarmer Kunden ist durchaus erwünscht. Und es gibt Kunden, die wünschen Sie der Konkurrenz viel lieber als sich selbst. Das sind vor allem:

- unrentable Kunden
- Kunden kurz vor der Insolvenz
- untragbare, hoch problematische, ernsthaft schwierige Kunden
- Schnäppchenhopper, Rosinenpicker und Konditionenhascher, die nur auf unrentable Billigangebote aus sind

Bevor Sie sich an die Rückgewinnung der Abtrünnigen machen, müssen Sie also die Spreu vom Weizen trennen. Dabei wollen Sie sich nicht von subjektiven Einschätzungen oder persönlichen Vorlieben leiten lassen, sondern Sie brauchen ein vergleichendes Bezugssystem.

So unterteilen Telekommunikationsanbieter ihre Kunden zur Reaktivierung, auch Churn-(= change and turn)-Management genannt, in Wenig-Telefonierer, Durchschnittstelefonierer und Viel-Telefonierer. Versandhandelsunternehmen nehmen die sogenannte RFMR-Methode (Recency/Frequency/Monetary Ratio) zu Hilfe: Den Kunden, die kürzlich gekauft haben, wird ein höherer Punktwert zugeordnet als Kunden, die länger nicht mehr kauften. Wer oft bestellt, erhält mehr Punkte als Einmalkäufer; Kunden mit höherem Bestellwert werden besser bepunktet.

Basis jeder Segmentierung ist eine funktionsfähige Datenbank mit gut gepflegten Kundendaten – es sei denn, Sie haben es nur mit einer Handvoll Geschäftspartnern zu tun.

«Bei fast allen Projekten im Kundenmanagement stehen wir vor dem Problem, dass die Daten der Kundendatenbank äußerst unzureichend und auch nicht aktuell sind. Es fehlen Definitionen, wer Bestandskunde, wer aktiv, wer passiv als Kunde ist, wer Ex-Kunde ist ... So mussten wir beispielsweise eine Untersuchung zur Kundenrückgewinnung eines Fahrzeugherstellers abbrechen, weil die Kundendaten nicht nur unzureichend, sondern auch veraltet waren und deshalb die Kunden nicht mehr angesprochen werden konnten», erläutert Hans Herrmann von der 3hm Automotive GmbH.

Solche Beobachtungen kann ich gerne bestätigen. Etwa vier Wochen nachdem ich meinen neuen Wagen beim Händler bestellt hatte, bekam ich einen Anruf seines Call Centers, mein Leasingvertrag liefe ja demnächst aus und ob ich denn schon über einen Neukauf nachgedacht hätte. Sehr peinlich! Meinen Verkäufer, den in später auf den Vorfall ansprach, hatte man über den Vorgang nicht einmal informiert. Doppelt peinlich.

Sorgen Sie also zunächst für aktuelle und korrekte Daten. Denken Sie bei der Auswahl der Kunden, die Sie zurückgewinnen wollen, auch an solche, die vor langer Zeit abgewandert sind. Diese geraten – zusammen mit den Verlustursachen – nämlich allzu gerne in Vergessenheit.

Im Kundenunternehmen sieht das hingegen ganz anders aus. Dort gibt es oft noch nach Jahren böses Gerede darüber, warum man mit Ihnen bloß keine Geschäfte machen soll. Niemand kann sich mehr an die genauen Hintergründe erinnern – aber gewarnt wird trotzdem. Solche Fälle erfordern ein besonders behutsames, ja manchmal geradezu detektivisches Vorgehen.

4.2.1.1. Das Kunden-Scoring

Die Scoring-Methode dient der Vorselektion der Kunden, die in die Reaktivierungsaktion einbezogen werden sollen. Hierbei werden zunächst die Kriterien definiert, die die Kunden für Sie wertvoll machen. Und das ist bei weitem nicht nur der Ertrag, den Sie mit einem Kunden erzielten – oder besser gesagt –, in der Zukunft erzielen könnten. Kunden haben ja nicht nur einen monetären, sondern auch einen ideellen Wert. Um all dies zu berücksichtigen, bieten sich etwa die folgenden Kriterien an:

- **Die Kaufhistorie:** Wie lange war uns der Kunde verbunden, wie oft und wie viel hat er zu welchen Zeiten und mit wie viel Ertrag gekauft?
- **Der Deckungsbeitrag:** Wie profitabel kann der Kunde zukünftig sein?
- **Der Imagefaktor:** Können wir uns mit diesem Kunden schmücken?
- **Der Empfehlungswert:** Ist dieser Kunde ein wertvoller Empfehler?
- **Die Zukunftsperspektive:** Ist der Kunde innovativ und gehört er einer Wachstumsbranche an?
- Die Preissensibilität: Verhandelt der Kunde bis aufs Messer?
- **Der Schnäppchenfaktor:** Hat der Kunde kontinuierlich gekauft – oder nur die wenig rentablen Schnäppchen?
- **Die Zahlungsmentalität:** Bezahlte der Kunde seine Rechnungen pünktlich und ohne Beanstandungen?
- **Die Bonität:** Wie steht es um seine zukünftige Zahlungsfähigkeit?
- **Der Betreuungsaufwand:** Wie anspruchsvoll war der Kunde?
- **Der Sympathiefaktor:** War der Kunde angenehm und gern gesehen?
- **Die Reklamationsbereitschaft:** Reklamierte der Kunde häufig?
- ....

Diese und ähnliche Kriterien, die Sie individuell bestimmen können, werden auf einer Skala von eins bis zehn bewertet. Die Punkte (= Scores) werden schließlich aufaddiert und in eine Rangfolge gebracht.

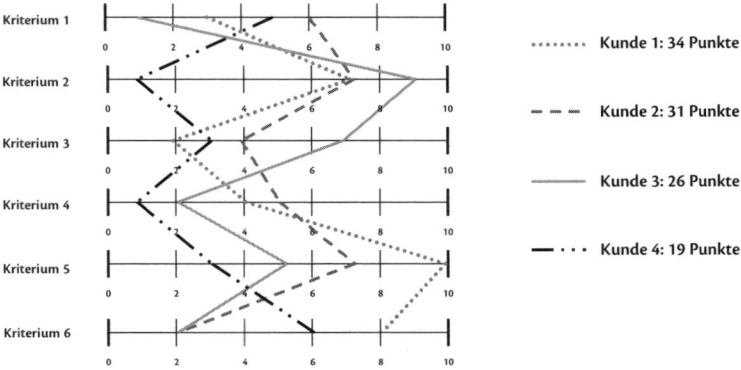

Über 30 Punkte: unbedingt zurückholen; 22–30 Punkte: ggf. zurückholen; unter 20 Punkte nicht zurückholen

Abb. 6: Das Scoring-Modell: Für definierte Kriterien werden Punkte vergeben. Diese werden zu einem Gesamtpunktestand addiert, um festzulegen, wen man zurückgewinnen will und wen nicht.

So ergeben sich die Kunden, die Sie ganz sicher zurückgewinnen wollen, solche mit zweiter und dritter Priorität und die, die bleiben sollen, wo sie nun sind – damit sie Ihren Marktbegleitern schaden. Dem Vertrieb ermöglicht dieses Vorgehen, sich systematisch auf die interessantesten Reaktivierungskandidaten zu konzentrieren. Wer unerwünscht bzw. nicht profitabel ist oder bekanntermaßen der Insolvenz entgegenschlittert, wird erst gar nicht in diese Betrachtung aufgenommen.

4.2.1.2. Das Kunden-Portfolio

Beratungsunternehmen arbeiten gerne mit der Vierfelder-Portfolioanalyse, die von der Boston Consulting Group (BCG) entwickelt wurde. Dabei werden die Kunden, die sich in den einzelnen Feldern wiederfinden, klassischerweise als «poor dogs», «question marks», «stars» und «cash cows» bezeichnet. Vor solchen Termini kann ich nur warnen. Was denken Sie, was eine Cash Cow sagt, wenn sie erfährt, dass sie *so* bei Ihnen gehandelt wird? Auch die vergangenheitsorientierte Einteilung des Kunden-

117

stammes in ABC-Kunden halte ich, wie wir bereits sahen, für problematisch. Es soll schon Kunden gegeben haben, die Unternehmen fluchtartig verließen, weil sie erfuhren, dass sie «nur» einen C-Status hatten. Es ist ja hinlänglich bekannt, dass C-Kunden eine weniger aufwändige Behandlung und damit auch weniger Zuwendung erhalten als die besseren B- und A-Kunden.

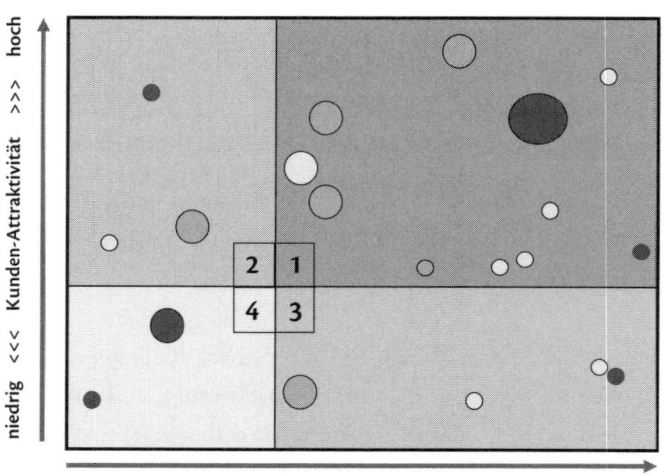

Abb. 7: Die Portfolio-Analyse. Die Kunden in Feld 1 sollen unbedingt zurückgewonnen werden, die Kunden in Feld 2 und 3 unter gewissen Umständen, die Kunden in Feld 4 in keinem Fall. Die beiden Achsen sind zu definieren.

Wenn Sie also mit der Portfolio-Methode arbeiten wollen, denken Sie sich unverfängliche Begriffe aus. Wichtig ist auch, wie Sie die beiden Achsen definieren. Es interessieren vor allem zwei Aspekte:

- die Attraktivität der Kunden aus unternehmerischer Sicht, also: Mit wem lohnt sich ein Neuanfang?
- die prognostizierte Wahrscheinlichkeit für die Wiederaufnahme der Geschäftsbeziehung, also: Wer will überhaupt zurück?

Durch die unterschiedliche Größe der Punkte lässt sich eine dritte Dimension, durch Einfärben der Punkte eine vierte Dimension einbauen. Die Details, die unter «Kunden-Attraktivität» zusammengefasst werden, können etwa aus der Scoring-Methode kommen. Oder Sie führen eine Kundenwert-Berechnung durch. Der Kundenwert, oft auch Customer Lifetime Value (CLV) genannt, ist eine Lebenszeitbetrachtung der Kundenhistorie. Die mathematischen Modelle hierzu sind allerdings komplex. Eine Beispielrechnung finden Sie im Anhang. Mein Dank geht an Thomas Elssenwenger von Loyaltix Consulting aus Wien.

Werden die Kunden nun in die Matrix eingetragen, sehen Sie auf einen Blick, wer die intensivsten Rückgewinnungsinitiativen verdient. Die Kunden in Feld 1 erhalten nach Möglichkeit ein persönliches bzw. telefonisches Gespräch und das «dickste» Comeback-Angebot. Auf sie entfällt damit der größte Teil des zur Verfügung stehenden Revitalisierungsbudgets. Die Kunden in den Feldern 2 und 3 werden situativ angegangen. Die Kunden in Feld 4 werden, weil wirtschaftlich uninteressant oder kaum zurückholbar, nicht bearbeitet.

4.2.1.3. Vom Start weg erfolgreich

Nun haben Sie also die Zielpersonen für Ihre Reaktivierungsaktion festgelegt. Beginnen Sie mit den profitabelsten Kunden. Suchen Sie sich darunter diejenigen aus, bei denen die Reaktivierungs-Chancen groß sind, weil beispielsweise immer noch ein guter persönlicher Draht zu ihnen besteht. Erste Erfolge machen Mut, die Aktion bis zum Ende durchzuziehen. Für die Rückgewinnung von Star-Kunden kann der Chef persönlich verantwortlich zeichnen. Aber bitte nur, wenn er es verkäuferisch «drauf» hat. Sonst geht der Schuss womöglich nach hinten los.

Oder beginnen Sie mit Kundengruppen, bei denen die Wahrscheinlichkeit einer schnellen Rückgewinnung hoch ist. Studien belegen, dass Geschäftskunden tendenziell loyaler sind als Privatkunden. Das Gleiche trifft – bei aller Offenheit für die zukünftige Entwicklung dieses Themas – auch auf Menschen ab 40 und auf Frauen zu. So antworteten im Rahmen der VuMA-Studie auf die Aussage «Ich wechsle gern häufiger mal die Marke, statt immer das Gleiche zu kaufen» 58 Prozent der unter 19-Jährigen und 47 Prozent der 40- bis 49-Jährigen mit ja. Dies legt den Schluss nahe, dass weniger sprunghafte Personenkreise sich eher zurückerobern lassen. Testen Sie es einfach mal aus.

Verschiedene Untersuchungen zeigen ferner, dass es erfolgsträchtiger ist, Personen zu reaktivieren, bei denen es Probleme im Bereich der «weichen» Faktoren gab. So berichtet Frank G. Sieben in seinem Buch *Rückgewinnung verlorener Kunden* vom Fall einer Bank, bei der die Rückgewinnung von Kunden mit dem Abwanderungsgrund «Unzufriedenheit» stolze 75 Prozent betrug; beim Abwanderungsgrund «Mittelverwendung» lag sie bei 45 Prozent.

Eine weitere Möglichkeit, Zielpersonen zu priorisieren: Beginnen Sie mit den Meinungsführern und Multiplikatoren. Wir haben ja schon gehört, dass zurückgewonnene Kunden nach ihrer Rückkehr zu glühenden Botschaftern dieses Unternehmens werden können. Diese Erkenntnis lässt sich nutzen.

Wir können bei potenziellen Empfehlern zwei Typen unterscheiden:

Der Mittelsmann: Er ist an Menschen interessiert, kennt Gott und die Welt und liebt die Abwechslung. Daher ist er nicht nur in einem festgesteckten Umfeld unterwegs, sondern hat Kontakte zu ganz unterschiedlichen Kreisen und kann sie alle zusammenführen. Empfehlenswerte Produkte können so schnell Verbreitung finden und gleichzeitig in verschiedenen «Szenen» Fuß fassen. Umgekehrt kann er aber auch alle vor Ihnen warnen.

Der Fachmann: Er ist an Informationen interessiert. Er hat Detailwissen über alles Mögliche und berät andere gern. In seinem Umfeld wird er als Experte geschätzt. Was von ihm für gut befunden wird, hat Hand und Fuß. Er hat kein großes Beziehungsnetz, aber sein Einfluss als Ratgeber ist hoch. Man folgt seinen Empfehlungen blind. Im Positiven wie im Negativen.

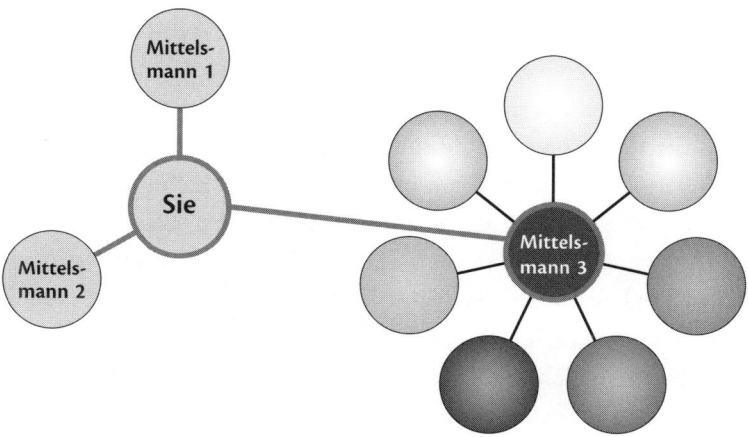

Abb. 8: Intelligentes Networking. Mittelsmann 1 und 2 sind beziehungsschwach. Sie haben kein Umfeld, in dem sie über Sie sprechen können. Mittelsmann 3 ist ein guter Networker mit einem verzweigten Beziehungsnetz – eine wichtige Voraussetzung für positive Mund-zu-Mund-Werbung nach einer erfolgreichen Rückgewinnung.

Zu klären bleibt nun noch, was Sie welchen Kunden anbieten wollen, um sie zu locken und ihnen die Rückkehr ein wenig zu versüßen. Dazu später mehr.

4.2.1.4. Die, die Sie nicht mehr wollen

Hinterlassen Sie auch bei denen, die Sie nicht zurückwollen, einen positiven letzten Eindruck. Selbst unrentable Kunden sowie solche, die aufgrund anhaltend schlechten Zahlungsverhaltens oder wegen ständiger penetranter Reklamationen nicht länger tragbar sind und hohe Reibungsverluste verursachen, sollten würdevoll verabschiedet werden. Schließlich können sie Ihnen noch viel Gutes tun, indem sie beispielsweise über ihren freundlichen Abschied berichten.

«Gestern hat mein Mann von Cyberport den Satz gehört: Auf Kunden wie Sie können wir gerne verzichten», schrieb mir eine verärgerte Leserin. Das hat sie clever gemacht, denn sie benutzt dieses Buch als Multiplikator. Negative Erfahrungen verbreiten sich auf klassischem Weg, wenn also im eigenen Umfeld darüber berichtet wird, nur vereinzelt und sporadisch. Richtig verärgerte Kunden suchen oft Wege, über die sie ein größeres Publikum erreichen. Wie zum Beispiel Gesprächsforen im Internet oder die Presse.

Es gibt aber noch etwas viel Besseres: *Blogs*. Ein Blog ist ein Online-Tagebuch, in dem der Schreiber (= Blogger) seine ganz persönlichen Eindrücke vermerkt, seine Meinung sagt und seine Anliegen der Online-Gemeinde kundtut. Das Bloggen hat sich, weil dabei so unverblümt berichtet wird, inzwischen zu einer außerordentlich machtvollen Form von Konsumenten-Demokratie entwickelt.

Manche Unternehmen sind in der «Blogosphäre» negativer präsent, als ihnen vielleicht lieb ist. Auf internationaler Bühne wird ihr Pfusch an den Pranger gestellt. Und die ganze Welt schaut hin, denn Blogger sind extrem gut vernetzt. Gebloggter Unmut erreicht, dann als Blogstorm bezeichnet, wie ein Lauffeuer oft innerhalb weniger Stunden die breite Öffentlichkeit – und wird von den sensationshungrigen Medien dankbar aufgenommen. Dies kann eine Lawine rufschädigender Reaktionen und sogar veritable Unternehmenskrisen auslösen. Weil die Angriffe der Internet-Gemeinde meist zu spät bemerkt werden und die Unternehmen dann auch noch falsch reagieren.

Ein bereits legendäres Beispiel dafür, welchen Schaden Blogger verursachen können, bietet der Fall Kryptonite. Der amerikanische Hersteller von hochpreisigen und angeblich extrem sicheren Fahrradschlössern erlitt einen Schaden in Millionenhöhe, nachdem das beliebte Technik-Blog www.engadget.com in einem Video zeigte, wie einfach sich die Schlösser mit Hilfe eines Billigkugelschreibers knacken lassen. Das Dementi des Herstellers machte die Blogging-Szene erst recht zornig und die Nachricht verbreitete sich im Nu in den USA und weit darüber hinaus. Sogar die *New York Times* berichtete. Die Firma war gezwungen, einen kostenlosen Austausch der Schlösser anzubieten. All das wegen eines einzigen aufgebrachten Bloggers.

Oft tappen Unternehmen bei so was lange im Dunkeln, weil sie sich, ihr Image betreffend, falschen Illusionen hingeben. Oder weil sie zu selbstsicher sind. Oder weil sie blind und taub sind für die Unzufriedenheit ihrer Kunden. Wir alle kennen die lieblosuninteressierte Frage des Kellners nach dem Essen, ob es uns geschmeckt hat. Und wie oft haben wir «Danke, gut» gesagt, obwohl wir schon längst entschlossen waren, in dieses Restaurant nie wieder zu gehen – und allen lieben Freunden abzuraten.

Selbst wenn Sie einen Kunden nicht zurückwollen, ist Diplomatie angesagt. Behandeln Sie Ihre abwandernden Kunden fair, auch wenn *deren* Fairness zu wünschen übrig ließ. Was demnach absolut tabu sein sollte: angeblich verschlampte Kündigungsschreiben, absichtlich nicht bearbeitete Reklamationen, minderwertige letzte Lieferungen, Beschimpfungen und Beleidigungen, üble Nachrede. Was Sie hingegen tun können:

- Bedanken Sie sich für die zurückliegende Geschäftsbeziehung.
- Wünschen Sie dem Kunden für die Zukunft viel Erfolg.
- Machen Sie ihm aber kein Rückkehr-Angebot.
- Lassen Sie sich auf «Erpressungsversuche» nicht ein.
- Wenn er von selbst wieder anklopft: Erhöhen Sie die Konditionen bzw. den Preis. Oder stellen Sie Bedingungen. Akzeptiert er diese, haben Sie aus einem schlechten Kunden einen guten gemacht.
- Signalisieren Sie, dass Sie keine weiteren Möglichkeiten einer Zusammenarbeit sehen. Begründen Sie dies auf akzeptable Weise.

Machen Sie einen entsprechenden Vermerk in der Kundendatei, damit der Kunde nicht versehentlich doch noch einmal angesprochen wird – oder gar postwendend ein Neukunden-Mailing bekommt (ist alles schon vorgekommen). Prüfen Sie zu einem späteren Zeitpunkt, ob sich ein Zurückgewinnen wieder lohnt. Denn auch bei ehemaligen Kunden kann sich, etwa bedingt durch einen Managementwechsel, eine Menge ändern.

4.2.2. Wer? Intern oder extern

Die Mitarbeiter, die im Rückgewinnungsmanagement arbeiten, müssen ganz besondere Mitarbeiter sein: stabile, gefestigte Persönlichkeiten mit hoher Frustrationstoleranz. Denn sie werden ständig mit den Unzufriedenheiten abwandernder und bisweilen verprellter Kunden bombardiert. Und sie werden mit Fehlern konfrontiert, die sie selbst nicht verbockt haben.

Jedes Gespräch, das sie führen, ist einzigartig, denn jeder Fall ist anders gelagert. Daher brauchen sie ein feines Gespür für menschliche Befindlichkeiten und ein hohes Maß an sozialer Intelligenz. Das bedeutet: sich in andere einfühlen, verständnisvolle Gespräche führen, gut fragen und gut hinhören zu können. Sie müssen Geduld zeigen, Vertrauen aufbauen und verschwiegen sein. Gerade im Privatkundengeschäft hören sie ja oft auch sehr persönliche Dinge. Sie müssen sich mit Negativem beschäftigen, um es in Positives zu verwandeln. Und: Sie müssen Erfolgserlebnisse lieben.

Wer Kunden reaktivieren will, braucht ferner eine außerordentlich hohe Identifikation mit dem Unternehmen, eine positive Einstellung und ein heiteres Gemüt. Er muss die Reaktivierungsarbeit freiwillig und gerne machen. Er muss verkaufspsychologisch geschult und auf Rückgewinnungsgespräche trainiert sein – am besten «on the job». Besonders gut eignen sich hierzu Mitarbeiter, die gut mit Reklamationen umgehen können. Denn sie haben achtsames Vorgehen drauf.

Ferner ist ein ausgedehnter Kompetenzrahmen nötig, um eigenverantwortliche Entscheidungen treffen zu können. Je individueller die Mitarbeiter dabei auf den jeweiligen Kunden eingehen (können) und je unbürokratischer sie reagieren (dürfen), desto größer sind die Erfolgsaussichten. Wer ständig seinen Vorgesetzten fragen muss, damit eine Entscheidung getroffen werden kann, wird scheitern. Feste Standards und vorgeschriebene Prozesse sind tödlich im Rückgewinnungsmanagement. Möglichkeitsräume und Improvisationstalent sind gefragt, um für alle Eventualitäten gerüstet zu sein.

Geht es um die Reaktivierung von Schlüsselkunden, ist oft eine Führungskraft mit im Spiel. Erfahrungen zeigen übrigens, dass Vorgesetzte meist wesentlich kulanter reagieren als ihre Mitarbeiter. Weil sie damit ihre Macht und Herrlichkeit zur Schau stellen können. Das wissen die Kunden natürlich auch – und verlangen den Chef. Für Mitarbeiter ist es äußerst frustrierend, wenn sie dem Kunden eine Absage erteilen, weil sie sich an interne Vorschriften halten (müssen), während der Chef sich locker darüber hinwegsetzt. Wer viel in Hotels unterwegs ist, kann dies besonders oft beobachten. Es ist für die betroffenen Mitarbeiter entwürdigend – und für Kunden peinlich. Tun Sie das besser beiden nicht an.

Wenig geeignet sind auch die Mitarbeiter, die den abgesprungenen Kunden direkt betreut haben. Nicht selten gab ja, wie wir schon gesehen haben, eine Beziehungsstörung zwischen Betreuer und Kunde den Anlass zum Wechsel. Für beide Parteien wäre demzufolge jeder Rückgewinnungsversuch eine Zumutung. Der Kunde würde sich quasi genötigt fühlen, Ausflüchte zu machen, um den Verkäufer nicht unnötig zu kompromittieren.

Der Verkäufer hingegen könnte sich persönlich angegriffen fühlen und aus seiner Verletztheit heraus falsch reagieren. In seinem anschließenden Gesprächsbericht würden lauter vernünftig klingende Gründe stehen, eben nur nicht die Wahrheit. Es ist also sinnvoll, den zuständigen Verkäufer von einer solch unliebsamen Aufgabe zu entbinden.

Am wenigsten eignen sich knallharte Verkäufer. Deren druckvolles Vorgehen könnte die Kunden für immer verschrecken. Also, wer eignet sich dann?

4.2.2.1. Das Rückgewinnungsteam

In Unternehmen mit großen Kundenstämmen macht eine permanente Rückgewinnungseinheit Sinn. Dort, wo es vertragliche Bindungen mit festen Kündigungsterminen gibt, wie etwa in der Versicherungsbranche, entstehen Aktionsbedarfsspitzen quartalsweise bzw. zu bestimmten Stichtagen im Jahr. In anderen Fällen gibt es für Reaktivierungsteams kontinuierlich etwas zu tun.

Die Mitglieder des Rückgewinnungsteams brauchen einen fürsorglichen Chef und einen guten Zusammenhalt. Wenn es ganz dick kommt, müssen sie einander auch auffangen können. Bei Land's End etwa sind die Mitarbeiter verpflichtet, zu sagen, wenn es ihnen nicht gut geht. Und wenn sie deshalb nicht telefonieren wollen: Das wird akzeptiert. Sie erhalten die Möglichkeit, Auszeiten zu nehmen und Schichten zu tauschen. Nur wer top drauf ist, geht ans Telefon. «Das Beste für den Kunden ist das Beste für uns», heißt es dazu in den Leitlinien dieses – gegen den Branchentrend – stetig wachsenden Versandhändlers.

Wo Rückgewinnungsteams organisatorisch am besten angehängt sind? So nah an der Unternehmensspitze wie möglich und in engem Austausch mit Sales & Marketing. Die Teammitglieder müssen in den kompletten Prozess des Rückgewinnungsmanagements eingebunden sein. Hierzu lassen sich in der Startphase des Projekts entsprechende Workshops organisieren. Diese werden am besten von einem Themenkundigen moderiert und sollen Raum für ein hohes Maß an Kreativität und Initiative bieten. Mit auftretenden Widerständen im Unternehmen ist fest zu rechnen. Dies sollte im Vorfeld adressiert werden.

Sollen Rückgewinnungserfolge incentiviert werden? Ich bin durchaus dafür, denn der Mensch, so Felix von Cube, ein anerkannter Verhaltensbiologe, ist nicht auf Schlaraffenland programmiert, sondern auf Leistung. Der eine oder andere von Ihnen mag jetzt schmunzeln und an *die* Mitarbeiter denken, die von Leistung nicht allzu viel zu halten scheinen. An unserem evolutionären Programm liegt es jedenfalls nicht.

Unser Hirn ist auf kontinuierliche Optimierung aus. Für Aussicht auf Glückshormone legt es sich mächtig ins Zeug. Wenn uns aber Anstrengungen als unnötig erscheinen, schalten wir in den Energiespar-Modus. Wenn Menschen sich also nur als Befehlsempfänger erleben, werden sie wohl kaum ihre ganze physische und psychische Energie in ihren Job stecken. Wer legt sich schon gerne für einen ungeliebten Arbeitgeber krumm?

Zu empfehlen ist allerdings, keine Einzelprämien auszuzahlen, sondern den Teamerfolg zu belohnen. Überlegen Sie gut, ob das geplante Anreiz-System alle Ihre Ziele verfolgen hilft. Qualität geht vor Quantität. So würde etwa eine belohnte Anzahl von Telefonaten pro Stunde nur darauf hinauslaufen, dass die Gespräche hastig geführt werden. Erfolgsprovisionen für abgewehrte Kündigungen könnten die Mitarbeiter dazu verleiten, ein Gespräch sofort abzubrechen, wenn sie spüren, dass sie nicht zu einem schnellen Erfolg kommen.

Die Arbeit von Rückgewinnungsteams ist aus zwei Gründen heikel: Das erfolgreiche Zurückgewinnen abgewanderter Kunden ist bisweilen nicht ganz einfach. Doch noch viel schwerer können es einem die lieben Kollegen machen. In hierarchischen Strukturen beherrscht Abteilungs- und Bestandskunden-Denke immer noch die betriebliche Organisation. Regionen, Bezirke, Niederlassungen und Filialen sind die neuen Fürstentümer erwerbstätiger Machtmenschen. Unternehmen sind letztlich nichts anderes als Territorien zum beruflichen Überleben. Jeder Mensch braucht genau wie jedes Tier ein mehr oder weniger großes Territorium, das er gegen Eindringlinge vehement verteidigt. Und in der Wissensgesellschaft spielt «geistiges Territorium» eine zunehmend wichtige Rolle.

So kommt es, dass ein Verkäufer seine Gebietshoheit anmeldet, Wissen über seine Kunden zurückhält und die Kollegen aus der Reaktivierungseinheit einfach auflaufen lässt. «Ich lass mir doch von Ihnen meine Kunden nicht kaputtmachen», heißt es dann und weiter: «Von dessen Geschäft haben Sie doch sowieso keine Ahnung.» Und was steckt dahinter? Die Angst, es könnte offensichtlich werden, welch schlechte Beziehung Kunde und Verkäufer miteinander hatten. Oder dass der Verkäufer einmal einen Riesenauftrag vergeigt hat. Oder ... Oder ...

Aus Sicht der Neuro-Psychologie ist solches Verhalten nachvollziehbar. Aus Kundensicht ist es tödlich. Wo Profit-Center-Denke immer noch verbreitet ist, verfolgt jeder seine eigenen Belange – auch auf Kosten des Ganzen. Die «Hunter» (= Jäger nach Neukunden) neiden den «Farmern» (= Bestandskunden-Pfleger) ihre Erfolge, jeder schiebt dem anderen den «Schwarzen Peter» zu. Aktionen des einen Bereichs verursachen Kundenverluste in einem anderen. Und jeder kämpft um sein eigenes Budget.

Das reibungslose Zusammenspiel der internen Leistungskette erfordert gerade im Rückgewinnungsmanagement, von Ressort-Denken und innerbetrieblicher Konkurrenz endlich Abschied zu nehmen. Abteilungsbarrieren existieren sowieso nur in den Köpfen der Mitarbeiter. Der Kunde hingegen beurteilt ein Unternehmen als Einheit. Zuständigkeiten interessieren ihn nicht. Er honoriert einzig und allein den reibungslosen Ablauf des Ganzen. Er will von jedem Mitarbeiter eine perfekte Leistung, da unterscheidet er nicht zwischen Chef und Azubi oder zwischen Betreuer und Rückgewinner. Wenn auch nur ein einziger Mitarbeiter bei Ihnen patzt, war aus Sicht des Kunden «der Laden» schuld. Er macht sich für immer von dannen und warnt seine besten Freunde.

4.2.2.2. Internes oder externes Call Center?

Egal, ob es um Befragungen zur Ursachen-Analyse oder um Reaktivierungsgespräche geht: Eigene Mitarbeiter sind aus vielen Gründen zu favorisieren. Sie kennen das Unternehmen, seine Produkte und Abläufe und (hoffentlich) auch viele Kollegen persönlich. Deshalb werden sie passender reagieren. Wenn sie dem Unternehmen loyal verbunden sind, werden sie nach Lösungen suchen, die sowohl für den Kunden als auch für das Unternehmen gut sind. Loyalität dem Unternehmen gegenüber kann man auch in der Stimme hören. Sie wirkt dann engagierter, verbindlicher, leidenschaftlicher. So lässt sich der Kunde vom Glauben an die Firma anstecken. Seine Unsicherheit wird in Sicherheit verwandelt. Und er kommt gerne zurück.

Selbst wenn sie bestens geschult sind, fehlt den Mitarbeitern externer Call Center diese Leidenschaft. Und meist fehlt ihnen, sobald es um Interna geht, auch die fachliche und innerbetriebliche Prozesskenntnis. Sollte nun ein Kunde, der sich sowieso schon schlecht behandelt fühlt, auch noch mitbekommen, dass er nicht einmal mit einem Mitarbeiter des Unternehmens spricht, könnte er vollends sauer werden.

Weitere Vorteile: Das durch internes Reaktivieren gewonnene Know-how bleibt im Unternehmen. Und: Den rückkehrwilligen Kunden kann ein fester Ansprechpartner zugewiesen werden, falls mehrere Telefonate notwenig sind. Oder falls der Kunde zurückrufen soll/will, weil er telefonisch schlecht erreichbar ist. Hierum könnte man ihn etwa per Brief nach mehreren vergeblichen Anrufversuchen bitten.

Ist die Einschaltung eines externen Call Centers unumgänglich, braucht es hinreichende Schulungen und datenbanktechnische Verknüpfungen. Außerdem sind datenschutzrechtliche und gesetzgeberische Vorschriften zu beachten. Der billigste Anbieter ist selten der beste. Suchen Sie sich ein Call Center aus, das bereits ausgiebig Erfahrungen mit Rückgewinnungsaktionen hat – und die sind selten genug. Prüfen Sie Referenzen und machen Sie sich ein Bild vor Ort. Starten Sie einen Pilotversuch, bevor Sie sich festlegen, und halten Sie kontinuierlich Kontakt. Schnelligkeit ist auch hier ein Haupterfolgskriterium. Gewährleisten Sie also einen zügigen Datenfluss und stellen Sie sicher, dass ausreichend Kapazitäten für Sie bereit stehen.

Hier eine kleine Checkliste für das Briefing eines Call Centers:

- Umfang definieren: Telefon, Fax, Brief, E-Mail, Online, SMS
- notwenige Servicezeiten: Uhrzeiten und Wochentage
- Anruf-Aufkommen: Fallzahlen, regelmäßig oder periodisch
- notwenige Qualifikation der Mitarbeiter, Markterfahrung?
- Schulungsanforderungen, -inhalte und -umfang
- Branchenexklusivität erwünscht?
- Räumlichkeiten und technische Anforderungen
- Datensicherheit, Verpflichtung zum Datenschutz
- Qualitätssicherung und Kontrollmethodik
- Anforderungen an das Reporting: Inhalt, Intervalle, Form
- Häufigkeit des Austauschs, auf welchem Weg
- Vorlaufzeit bis zum Start
- detaillierte Kosten

Eine Möglichkeit besteht auch darin, dass das interne und das externe Call Center eng zusammenarbeiten und die Externen nur punktuell eingesetzt werden.

4.2.3. Was? Rückholangebote entwickeln

Grundsätzlich gibt es drei Arten von Come-back-Köder, die eingesetzt werden können, um den Kunden versöhnlich zu stimmen:

- emotionale (Entschuldigung, Erklärungen, verständnisvolle Gespräche, Aufmerksamkeit, Wertschätzung, Akzeptanz, Anerkennung der Wichtigkeit des Falls bzw. des Kunden etc.)
- materielle (Behebung des Schadens, Wiedergutmachung etc.)
- finanzielle (Rückkehrprämien, Preisnachlässe, kostenlose Zusatzleistungen, Spezialtarife, Gutschriften etc.)

Diese können auch miteinander kombiniert werden. Denken Sie bei der Ausstattung des Rückgewinnungsangebots nicht nur an den Soforterfolg, sondern vor allem an eine dauerhafte Reloyalisierung. Bieten Sie also nicht nur ein Come-back-Bonbon für das Zurückkommen, sondern insbesondere *dafür* an, dass der Kunde auf Dauer bleibt. So könnte es für die zweite, fünfte oder zehnte Bestellung weitere kleine Belohnungen geben.

Testen Sie beispielsweise auch einmal, ob sich Kunden durch kleine Geschenke kurz vor Ablauf der Vertragslaufzeit moralisch von einer Kündigung abhalten lassen. Das Prinzip des Ausgleichs von Geben und Nehmen steckt zutiefst im Menschen drin. Wir fühlen uns gut, wenn wir «quitt», also niemandem etwas schuldig sind.

4.2.3.1. Emotionale Anreize

«Das am tiefsten verwurzelte Prinzip in der Natur des Menschen ist das Verlangen nach Anerkennung», sagte schon 1884 der US-amerikanische Psychologe William James. Die moderne Gehirnforschung gibt ihm Recht. «Die Motivationssysteme schalten ab, wenn keine Chance auf soziale Zuwendung besteht, und sie springen an, wenn das Gegenteil der Fall ist, wenn also Anerkennung und Liebe im Spiel sind», so der Psychoneuroimmunologe Joachim Bauer. In den Händen derer, die uns diese geben, sind wir weich wie Wachs. Akzeptanz und Anerkennung setzen Glückshormone frei, und davon wollen wir mehr. Soziale Isolation dagegen lässt, so der Hirnforscher Gerhard Roth, den Serotonin-Spiegel sinken, und wir reagieren darauf mit Aggressivität. Klingelt's? Manchmal reicht schon ein gesteigertes Maß an Aufmerksamkeit, um Menschen für sich zu gewinnen. In diesem Zusammenhang ist der Hawthorne-Effekt interessant.

Dieser geht zurück auf eine Reihe von Studien in der Hawthorne-Fabrik der Western Electric in den USA. Es ging darum, festzustellen, wie man die Arbeitsleistung von Mitarbeitern steigern kann. Man untersuchte zunächst, ob die Verbesserung der Lichtverhältnisse Auswirkungen auf die Leistung hatte. Tatsächlich stieg diese bei der Experimentalgruppe an. Allerdings stieg auch die Leistung der Kontrollgruppe, die weiterhin bei unverändertem Licht arbeitete. Die Leistungssteigerung blieb sogar erhalten, als die erste Gruppe wieder zur ursprünglichen Beleuchtungsstärke zurückkam. Allein die Aufmerksamkeit der Forscher und das Wissen der Arbeiterinnen, Teil eines wissenschaftlichen Experiments zu sein, rief den Leistungszuwachs hervor.

Diese Erkenntnisse können wir uns auch im Rückgewinnungsmanagement zunutze machen. Ein einfühlsames Gespräch mit passenden Argumenten kann manchmal schon kleine Come-back-Wunder vollbringen. Dies wurde beispielsweise deutlich im Rahmen der Reaktivierung abgewanderter Kunden bei einem lokalen Stromversorger in den Neuen Bundesländern. Er hatte durch aggressive Anwerbe-Aktionen eines Billigstrom-Anbieters eine ganze Reihe seiner Kunden verloren.

Der Rückgewinnungsprozess begann mit einem persönlichen Anschreiben an die Kunden. Hierin appellierte das Energieversorgungsunternehmen an die emotionale Verbundenheit der ehemaligen Kunden mit dem lokalen Stromanbieter. Dabei wurden folgende Vorteile herausgestellt: Nähe, Erreichbarkeit und das Schaffen von Arbeitsplätzen in der Region. Es folgte ein persönlicher Telefonkontakt zwischen Mitarbeitern des Stromanbieters und den ausgewählten Kunden mit dem Ziel, eine Vertrauensbasis herzustellen und schließlich einen persönlichen Termin zu vereinbaren.

Die Mitarbeiter erhielten dazu ein Telefontraining «on the job». Das heißt, sie wurden sowohl im Rahmen eines Seminars geschult, als auch «live», also wenn sie in realen Gesprächssituationen telefonierten. Dabei konnten sich die Teilnehmer nach und nach die auftauchenden Fragen erarbeiten: Wie gewinne ich das Vertrauen meines Gegenübers? Wie baue ich nach der Kündigung des Kunden die Beziehungsebene neu auf? Wie gehe ich sensibel vor und stelle dennoch eine offene Gesprächsatmosphäre her, um die Gründe für die Kündigung zu erfahren? Wie mache ich dem Kunden seinen individuellen Nutzen klar? Und wie bekomme ich einen Termin mit ihm?

Am Ende des Trainings stand ein gemeinsam mit allen Teilnehmern erarbeiteter Argumentations- und Gesprächsleitfaden zur Verfügung. Er war eine ideale Basis für die noch folgenden Gespräche mit den ehemaligen Kunden. Das Ganze war höchst erfolgreich, wie die Bilanz beweist: Durch die insgesamt vier Wochen dauernde Aktion konnte das Unternehmen 51 Prozent der abgewanderten Kunden zurückgewinnen. Und das zu sehr überschaubaren Kosten. Ein Großteil dieser Kunden kam zurück, ohne dass Preiszugeständnisse nötig waren. Die verständnisvolle Zuwendung, die die Kunden erhielten, sowie die emotionalisierenden Argumente des in der Region verankerten Anbieters reichten völlig.

Schauen wir uns zum Vergleich eine Kunden-Neugewinnungsmaßnahme des Stromriesen EON an. Der hatte für seine Mixit-Kampagne den Muskelmann Arnold Schwarzenegger Kühlschränke schütteln lassen. Presseberichten zufolge wurden in die Kampagne über 22 Millionen Euro investiert. Sie hat EON gerade mal 1100 Neukunden gebracht. Jeder einzelne Kunde hat demnach etwa 20 000 Euro gekostet.

Da ist das Kundenrückgewinnen doch deutlich günstiger. Überlegen wir, welche emotionalen Türöffner hilfreich sind. Es ergeben sich die unterschiedlichsten Ansatzpunkte:

- Geben Sie dem abgewanderten oder abwanderungswilligen Kunden das Gefühl, etwas Besonderes zu sein.
- Sagen Sie, wie wichtig Ihnen die weitere Zusammenarbeit ist.
- Erinnern Sie ihn an die lange und gute Zeit des Miteinanders.
- Erinnern Sie ihn an ein ganz besonders positives Ereignis.
- Erinnern Sie ihn an einen Fall, wo er Sie ganz besonders gebraucht hat und wie Sie sich da für ihn ins Zeug gelegt haben.
- Bieten Sie ihm Problemlösungen und gute Gefühle.

Hierbei hilft die Beschäftigung mit den limbischen Typen. Der dominante Typ könnte auf statusorientierte Anreize ansprechen. Der Balance-Typ benötigt sicherheitsrelevante Aspekte. Und der Stimulante ist vielleicht mit Geschichten aus der «guten alten gemeinsamen Zeit» bzw. mit der Aussicht auf eine spannende gemeinsame Zukunft emotional zu ködern. Und alle sind für ein kleines Lob zu haben, es ist köstliche Nahrung für das Selbstwertgefühl. Ehrlich gemeinte Sätze wie: «Ich mache Ihnen dieses Angebot, weil Sie so nett sind» oder: «Ich kann Ihnen noch ein wenig entgegenkommen, weil Sie ein so angenehmer Kunde sind» oder: «Ich will da einmal etwas großzügiger sein, weil es einfach Spaß macht, mit Ihnen zu verhandeln» können kleine Rückgewinnungswunder vollbringen.

«Mit so etwas würde ich mich niemals ködern lassen», höre ich manchen Verkäufer sagen. Genau darin liegt der Fehler und letztlich der Misserfolg. Gehen Sie bei der Suche nach (emotionalen) Ködern niemals von sich aus. Versetzen Sie sich in die Lage des Kunden.

4.2.3.2. Der kleine Unterschied

Geschlechterspezifisches Vorgehen ist im Reaktivierungsmarketing sehr hilfreich. Denn die emanzipatorisch geleitete Gleichmacherei zwischen Mann und Frau ist unter verkäuferischen Gesichtspunkten völlig falsch. Alle zwischenmenschlichen Erfahrungen zeigen: Frauen fühlen, denken, handeln und kaufen anders als Männer. Und: Männliche und weibliche Kommunikation funktioniert auf ganz unterschiedliche Weise.

Muss ja auch so sein, denn männliche und weibliche Hirne sind verschieden gebaut. Inzwischen wurden weit mehr als 200 geschlechterspezifische Unterschiede im Gehirn und in der Neurochemie festgestellt. Beide Geschlechter reagieren zum Beispiel auf Werbung unterschiedlich. Männer sind, so Christian Scheier in seinem Buch *Wie Werbung wirkt*, dabei anfälliger für Emotionen als Frauen, männliche emotionale Zentren werden stärker aktiviert. Denkprozesse geraten hierdurch ins Hintertreffen. «Sex sells», heißt eines der dazugehörigen Schlagworte. Wobei zu viel nackte Haut nicht selten zum Rohrkrepierer wird, denn vor lauter Hingucken werden Name und Botschaft der kommunizierenden Marke übersehen. Übrigens: Männer reagieren auch stärker auf Befehle. Lesen Sie also (bitte) weiter!

Das Gender-Marketing, in dem es um das Herausarbeiten solcher geschlechterspezifischen Unterschiede geht, rückt mehr und mehr nach vorn. Dabei ist es höchste Zeit, sich mit diesem Thema auseinander zu setzen! Die Kauf- und Entscheidungskraft der Frauen wird in vielen Branchen nach wie vor massiv unterschätzt. Im Konsumbereich treffen Frauen 80 Prozent aller Kaufentscheidungen, sagt die Female-Forces-Studie vom Zukunftsinstitut.

Also: Kaufkraft ist weiblich. Frauen erobern auch mehr und mehr die scheinbar so männerdominierten Bereiche wie Auto, Computer, Heimwerken und Bankgeschäfte. Doch immer noch werden Frauen dort regelmäßig wie Klein-Lieschen behandelt. Beispiele hierfür sind schnell gefunden:

«Wenn alle meine Kunden so wären wie Sie, könnten wir hier bald dicht machen», sagt der Teppichboden-Händler, nur weil die Kundin sich nicht schnell genug entscheiden kann. Sie will die Farbe des Teppichs im Tageslicht begutachten und ein Muster mit nach Hause nehmen, um es mit ihren Möbeln abzustimmen. Folge: nichts gekauft. Und nie mehr wieder dorthin gegangen.

«Wissen Sie was», sagt der graumelierte Filialleiter der Hausbank, «gehen Sie mal nach Hause und beraten Sie sich mit Ihrem Mann, bevor Sie hier über so viel Geld entscheiden.» Was er nicht erfragt hat: Die Dame hat jede Menge eigenes Geld – und sie ist gar nicht verheiratet. Folge: alle Konten gekündigt.

«Dann zeige ich Ihnen mal ein typisches Frauenauto», meint der Automobil-Verkäufer, nachdem ich meinen Wunsch nach einem Neuwagen geäußert habe. «Wissen Sie, ich kenne das. Die meisten Frauen wollen es etwas kleiner, wenig technischen Schnickschnack, Motorleistung egal, mehr was für die Familie, viel Platz im Kofferraum, Schminkspiegel, das Übliche halt. Dann kommen Sie mal mit ...» Eines ist sicher: Bei dem kaufe ich nicht.

«Das haben wir öfter, dass Frauen keine Ahnung von Computern haben», erklärt der junge Mann im Elektro-Fachgeschäft, weil die Kundin sich offensichtlich nicht zurechtfindet und Fragezeichen in den Augen hat. Folge: für immer verloren. Rückholversuch zwecklos.

Erkenntnisse, die – bei aller Vorsicht vor Verallgemeinerungen – im Reaktivierungsmarketing sehr nützlich sein können: Frauen sind – und das ist hormonell bedingt – weniger risiko- und entscheidungsfreudig, dafür fürsorglicher und konsensfähiger. Derbe Sprache erschreckt sie. Sie fühlen sich recht schnell angegriffen und verletzt. Soziale Aspekte stehen oft im Vordergrund. Wenn Frauen mit am Besprechungstisch sitzen, dreht sich vieles um die Frage: «Wie geht es den Menschen dabei?» Frauen nehmen sich der Harmonie willen, oder um gute Beziehungen zu schützen, eher zurück. Während Männer sich wichtig machen, unbeirrt und siegessicher auftreten, rechnen Frauen mehr mit Gegenwind. Sie stellen sich selbst in Frage und suchen Fehler vorzugsweise bei sich. Dies hängt, wie Hirnforscher herausfanden, mit zerebralen Zweifelzentren zusammen, die bei Frauen länger «nachglühen». Deshalb fallen ihnen wohl Entscheidungen oft so schwer.

4.2.3.3. Materielle und finanzielle Anreize

Die Form der möglichen materiellen und finanziellen Rückgewinnungsangebote ist branchenspezifisch. Was es so alles gibt:
- Entschädigung für Verluste; Kompensationsangebote
- Nachbesserungen; (kostenlose) Zusatzleistungen
- verbesserte Konditionen; schneller Umtausch
- kostenlose Reparatur; Ersatz- bzw. Gratislieferung

- Rückkehrprämie; Willkommensgeschenke
- Preisnachlässe; Come-back-Specials
- Sonderrabatte; Gutschriften
- Bonuspunkte; Zugaben; Gutscheine

Reine Preisnachlässe sind nicht immer die attraktivste Komponente. «Zu große Zugeständnisse wecken die Frage nach der Angemessenheit der bisher bezahlten Preise oder nach dem Grad Ihrer Verzweiflung», schreibt Michael Gams in seinem Buch *Profitable Kunden zurückgewinnen*. Anstatt nur Geld zu verschenken, lassen sich Come-back-Köder auch so gestalten, dass sie schließlich der Kundenloyalisierung dienen. Je aggressiver Kunden über den Preis zurückgeholt werden, desto kürzer ist meist ihre zweite Loyalität.

«Bei der Kundenrückgewinnung muss es überhaupt nicht um einen Preisnachlass gehen. Sehr oft ist der Kunde gewillt, einen höheren Betrag für zukünftig bessere Leistung zu zahlen, wenn man ihn vom hohen Nutzen der Sache überzeugen kann und eine echte Problemlösung bietet», sagt Jeanette Rober, eine Meisterin der Kundenrückgewinnung im Anzeigenverkauf.

Das Rückgewinnungsangebot muss in jedem Fall fair sein – und zwar aus Sicht des Kunden. Standardisierte Rückhol-Angebote haben dabei weniger Aussicht auf Erfolg als individuell mit dem Kunden abgestimmte Offerten. Also: Schnitzen Sie nichts zusammen, was *Sie* für angemessen halten, so nach dem Motto: «Das sollte reichen!», sondern fragen Sie den Kunden. *Ihm* muss es zusagen. Suchen Sie dazu mit ihm gemeinsam nach passenden Möglichkeiten, lassen Sie ihn wählen. Das heißt, Sie machen ihm *kein* vorgefertigtes Angebot, sondern Sie fragen ihn, was *er* für akzeptabel hält. Aus dem Reklamationsmanagement wissen wir, dass bei der Frage: «Was haben Sie sich denn vorgestellt?» die meisten Beschwerdeführer ihre Maximalforderung sofort zurückschrauben und kooperativ werden.

4.2.4. Wann? Zeitplan bestimmen

Wann ist der beste Zeitpunkt, einen Kunden zurückzuholen? Sobald er die ersten Gedanken an einen Wechsel hat. Oder haben könnte. Wie etwa bei einer Reklamation. Die Dortmunder Beratungsgesellschaft Materna hat beispielsweise herausgefunden, dass bei einer prompten Antwort auf eine Beschwerde die Abwanderungsquote der Kunden von 39 Prozent auf 15 Prozent sank.

4.2.4.1. Wehret den Anfängen

Sicher haben Sie schon einmal von dem «Broken-windows-Phänomen» gehört. Es geht zurück auf die US-amerikanischen Kriminologen James Q. Wilson und George Kelling. Sie fanden heraus, dass eine einzige zerbrochene Fensterscheibe, wenn man sie nicht repariert, schließlich ein ganzes Stadtviertel kriminalisieren kann. Der New Yorker Polizeichef William Bratton und schließlich der New Yorker Bürgermeister Rudolph Guiliani nutzten diese Erkenntnis, um Anfang der 90er Jahre eine ganze Stadt wieder lebenswert zu machen. Indem sie die Anfänge bekämpften, also beispielsweise systematisch die Graffiti in den New Yorker U-Bahnen beseitigten und das Schwarzfahren drakonisch sanktionierten, ging schließlich die Verbrechensrate der Stadt sprunghaft zurück. Die Lebensqualität der Einwohner stieg und die Touristenströme schwollen merklich an.

Analog ist den Unternehmen zu raten, bei ersten Anzeichen möglicher Kundenabwanderungen sofort zu reagieren. Oder besser noch: Proaktiv zu agieren, wenn etwa bedingt durch Vertragsende, anstehende Jahresgespräche, Preiserhöhungen, Konditionenanpassungen oder andere kritische Momente mit Kündigungen zu rechnen ist. Auch der Rechnungsversand ist ein solcher kritischer Moment. Vor allem dann, wenn es außer der Rechnung keinerlei Kontakt mit dem Kunden gibt – was in manchen Branchen eher die Regel als die Ausnahme ist. Bei Kfz-Versicherungen beträgt zum Beispiel die Kündigungsrate nach dem Versand der Jahresrechnung bis zu 35 Prozent. Und das ist noch nicht alles. Die Untersuchungen eines Top-Players der Branche ergaben, dass 28 Prozent aller Kunden zwei Jahre nach Kündigung ihrer Kfz-Versicherung auch alle anderen Sachversicherungen gekündigt hatten.

«Ab Mitte November meldeten sich früher immer jede Menge Kunden, die über den Preis ihrer Kfz-Versicherung verhandeln wollten. Viele kündigten auch, ohne mit mir zu reden. Um dem vorzugreifen, habe ich begonnen, bereits ab Sommer meine Kunden aktiv auf Tarifanpassungen anzusprechen, und ihnen durch Bündelung mit weiteren Verträgen vergünstigte Kfz-Tarife eingeräumt. So haben sich die Kündigungen von 33 Prozent auf 6 Prozent reduziert und wir haben unseren Bestand kräftig ausgebaut. Angenehmer Nebeneffekt: Meine Fan-Kunden erzählen im Bekanntenkreis, dass ich ihre Kfz-Versicherung günstiger gemacht habe und schicken mir die Freunde vorbei», erzählt die Generalvertreterin Katharina Ritter.

Diese Best-Practice wurde ins Intranet gestellt, obwohl der Vorstand des Versicherers dagegen war. Man solle das nicht an die große Glocke hängen, hieß es. Ja glauben die hohen Herren denn wirklich, Versicherungsnehmer seien strohdumm? Sollen die braven loyalen Kunden mal wieder die höchsten Preise zahlen? Wer nicht den besten Tarif bekommt und dies herausfindet, fühlt sich ganz sicher über den Tisch gezogen – und kündigt wutentbrannt.

4.2.4.2. Jeder Tag zählt

Nach einer Kündigung ist keine Zeit zu verlieren. Je eher die mit der Aktion betrauten Mitarbeiter die Unterlagen zur Verfügung haben, umso besser. Dann ist das Adressmaterial noch aktuell und die Erinnerungen sind frisch. Und nicht immer hat sich der Abtrünnige bereits anderweitig orientiert.

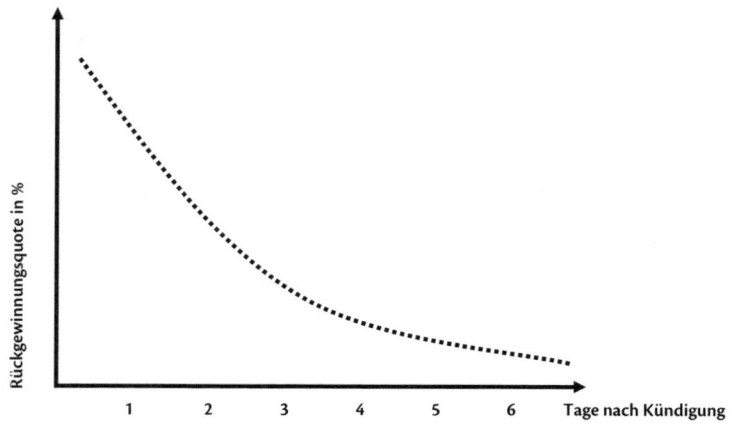

Abb. 9: Je schneller die Reaktion nach einer ausgesprochenen Kündigung erfolgt, desto höher ist die Rückgewinnungsquote.

«Wir erhalten die Vorgänge zur Reaktivierung eingestellter Spendenzahlungen viel zu spät», erklärt mir Wolfgang Böse, Chef der Böse Consulting, die sich auf das Fundraising-Geschäft für Hilfsorganisationen spezialisiert hat. «Viele der ehemaligen Spender sind dann nicht mehr lokalisierbar oder das für Spendenzwecke vorgesehene Geld ist längst anderswohin geflossen.» Von einer Hilfsorganisation erhielt er die Kundendaten, erst vier Jahre nachdem die Lastschrift-Einzugsverfahren gestoppt worden waren. In dieser Zeit hatte die Organisation drei schriftliche Reaktivierungsversuche gemacht.

Die Ergebnisse der anschließenden Telefonaktion sahen so aus:

- bearbeitete Vorgänge   14 985
- erreichte Personen   5765 (= 38,5 %)
- Anzahl der Reaktivierungen   2573 (= 44,6 %)
- Beitragsmehreinnahmen p.a.   154 207 Euro
- Durchschnitt/Reaktivierung   59,93 Euro

Über 60 Prozent der Anrufe führten also aufgrund der fehlenden Datenaktualität ins Leere. Dies verteuert eine Aktion nicht nur, es demotiviert auch die Telefonierenden. Sie machen ja in der Regel pro Adresse mindestens drei Anrufversuche. Der Anteil der Reaktivierungen bei den schließlich erreichten Personen ist allerdings beachtlich hoch – nach der langen Zeit. Im Gespräch mit den Spendern wurden auch die Gründe für die ursprünglichen Stornierungen ermittelt:

- finanzielle Belastung war zu hoch
- Unzufriedenheit über den Verband
- negative Berichte in den Medien bzw. im Bekanntenkreis
- Kinder kündigten die Mitgliedschaft der Eltern

Gute Marketer erkennen sofort, welches Potenzial diese Antworten beinhalten. So können in einem zeitnahen Gespräch die Spendenbeiträge in ihrer Höhe reduziert werden und der Spender bleibt so der Organisation erhalten. Die Kinder der Spender können als neue Spender gewonnen werden. Die Meinung aus Negativberichten kann «zurechtgerückt» werden. Die «Unzufriedenheit über den Verband» gibt wertvolle Ansatzpunkte für präventive Maßnahmen. Wie sich zeigte, waren die Spender vor allem verärgert, weil der Verband nur immer kassierte, sich aber nie gemeldet hatte und weil er sich nie für die Spenden bedankt hatte.

Man stelle sich das mal vor: Beträge in Millionenhöhe werden investiert, um potenzielle Neukunden mit Fundraising-Mailings zuzuballern. Wer in die Datenbank einer Spendenorganisation gerutscht ist, weiß, wovon ich rede. Für treue Spender dagegen wird nicht mal ein einziger Brief investiert. Nach Bekanntwerden der Ergebnisse gibt es nun zumindest Diskussionen darüber, das zu ändern.

4.2.4.3. Zweifel zerstreuen

In dem Moment, in dem wir eine Entscheidung treffen, werden Zweifelzentren aktiviert: Soll ich oder soll ich nicht? Dieses oder jenes? Jetzt oder später? Bleiben oder gehen? Dabei findet ein Abwägungsprozess statt: Vor- und Nachteile der noch bestehenden Beziehung werden verglichen mit der neuen sich bietenden attraktiven Lösung. Dieser Prozess findet rein subjektiv statt und wird, wie wir bereits gesehen haben, emotional gesteuert.

Auch wenn die Entscheidung dann getroffen ist, kommen vielen Menschen Zweifel, ob diese die richtige war. Verkäufer nennen das Kaufreue. So beschäftigt den wechselwilligen Kunden etwa die Überlegung, ob die Kündigung tatsächlich nötig war. Oder ob der neue Anbieter wirklich hält, was er verspricht. Oder was ein Dritter dazu sagt. In dieser Phase sucht er nach Bestätigung für seinen Entschluss. Dies ist ein weiterer guter Grund für das schnelle Reagieren bei Kundenfluktuation. Solange die Zweifel noch nagen, gelingt der Rückholversuch eher.

Hat sich nun der Kunde zu Ihren Gunsten umentschieden, bedanken Sie sich ausdrücklich. Beglückwünschen Sie ihn zu seiner Entscheidung und wiegen Sie ihn, die gemeinsame Zukunft betreffend, in uneingeschränkte Sicherheit. Das kann sich je nach Situation so anhören:

- Herr xx, Sie haben das genau richtig gemacht.
- Das ist die beste Entscheidung, die Sie treffen konnten.
- Sie werden sich damit sehr wohl fühlen, Frau xx.
- Es wird Ihnen damit sehr gut gehen, Herr xx.
- Ihr Chef/Partner/Kollege wird davon sehr angetan sein.
- Es ist gut, dass Sie wieder unser Kunde sind.

Formulieren Sie dies immer positiv, *keinesfalls* sagen Sie: «Sie werden Ihre Entscheidung nicht bereuen.» Bereuen, bereuen, bereuen, sagt das Echo im Kopf.

4.2.5. Wie viel? Das Budget

Die Erfahrungsberichte von Unternehmen, die Wiedergewinnungsaktionen regelmäßig durchführen, zeigen: Das Zurückholen ehemaliger Kunden kostet oft nur halb so viel wie das Gewinnen neuer Kunden. Voraussetzung ist, nur die profitablen Kunden anzusprechen. Denn noch schlechter als gar keine Kunden zu reaktivieren ist es, die unrentablen zurückzubekommen. Dazu ist es erforderlich, die Rückgewinnungskosten zu kalkulieren.

Folgende Kosten fallen bei Reaktivierungsmaßnahmen an:

- anteilige Personalkosten (auch die Arbeitszeit)
- anteilige administrative Kosten
- Schulungskosten
- Kosten der Ansprache, z. B. für Mailings, Anrufe, Fahrtkosten
- Sachkosten, z. B. für Call-Center-Nutzung, IT-Ressourcen
- Kosten der Problemlösung, z. B. erneute Leistungserfüllung, Entschädigung, Wiedergutmachung
- Kosten des Rückgewinnungsanreizes, z. B. Preisnachlass, Willkommensgeschenk

Die so ermittelten Kosten der Rückgewinnungsaktion werden nun mit den Erträgen verglichen, die man durch die geplanten Maßnahmen realistischerweise erwarten kann. Hierbei wird der Kundenwert 1, den der Kunde in der Vergangenheit erzielt hat oder bei längeren Geschäftsbeziehung hätte erzielen können, dem Kundenwert 2, der sich aus der erhofften zukünftigen Beziehung ergibt, gegenübergestellt. Und wenn es sich lohnt: Legen Sie los!

Manche Verkäufer entwickeln nun auch bei Rückgewinnungsaktionen einen solchen Ergeiz, dass die Rentabilität darunter leidet. Gewiefte Einkäufer können das erkennen und die Verhandlungen derart auf die Spitze treiben, dass sich das Geschäft am Ende nicht rechnet. Deshalb: Setzen Sie sich die notwendigen Limits und halten Sie sie ein. Solche Limits sind:

- die Anzahl der Rückgewinnungsversuche (Telefonate bzw. Termine)
- die Höhe der Wiedergutmachung bzw. des Rückkehrangebots

Sollten Sie sich einem harten Verhandler auf der anderen Tischseite nicht gewachsen fühlen, senden Sie besser einen neutralen Kollegen, den etwaige Drohgebärden nicht aus der Fassung bringen.

4.3. Die Umsetzung der Maßnahmen

Nun ist es also soweit. Die Vorarbeiten sind erledigt, die Zielpersonen sind ausgeguckt, der Rückgewinnungsplan steht. Es kann beginnen.

Das zentrale Instrument für die Ansprache verlorener Kunden? Die Kommunikation! Sie kann mündlich oder schriftlich erfolgen. Ein Werbebrief ist nichts anderes als ein schriftliches Gespräch mit dem Kunden. Und natürlich finden auch im Internet Gespräche statt. Bei der mündlichen Kommunikation unterscheiden wir die persönliche und die telefonische.

Im Rückgewinnungsmanagement ist die mündliche Kommunikation der schriftlichen weit überlegen. Die größten Wiedergewinnungs-Chancen ergeben sich aus direkten persönlichen Gesprächen – wenn man sie gut zu führen versteht. Die Erfolgshierarchie sieht demnach folgendermaßen aus:

1. das persönliche Gespräch
2. das telefonische Gespräch
3. das schriftliche Gespräch (per Brief, Angebot oder Mailing)
4. das elektronische Gespräch (per E-Mail oder SMS)

Diese verschiedenen Möglichkeiten können miteinander kombiniert werden. So kann ein Brief ein Telefonat ankündigen. Ein Telefonat wird geführt, um einen Termin für ein Rückgewinnungsgespräch zu erhalten. Oder ein Gespräch dient dazu, im Anschluss ein schriftliches Rückgewinnungsangebot zu unterbreiten. Oder eine E-Mail kündigt einen schriftlichen Fragebogen an.

Wählen Sie den Weg, der rechtlich (u. a. Verbraucherschutzgesetz, UWG) zulässig ist, der Ihnen am aussichtsreichsten erscheint bzw. den, den der Kunde präferiert. Das Telefongespräch bietet sich etwa an bei größeren Kundenkreisen und dort, wo Kundenbesuche nicht üblich bzw. aus Distanzgründen nicht möglich sind. Die schriftliche Rückgewinnungsinitiative hat vor allem im Massengeschäft ihren Platz. Ein Brief eignet sich auch dort, wo die Kunden kein mündliches Gespräch wünschen oder wo rechtliche Bestimmungen eine postalische Kontaktaufnahme nötig machen. E-Mail-Aktivitäten bieten sich hauptsächlich im Internet-Business, SMS höchstens in Ausnahmefällen bei entsprechenden Zielgruppen an.

Ein Rückgewinnungsappell im Internet klingt beispielsweise so: «Sie wurden erfolgreich aus dem Newsletter entfernt. Es tut uns Leid, Sie gehen zu sehen. Sollten Sie sich nicht persönlich oder aber aus Versehen ausgetragen haben, so folgen Sie einfach unten stehendem Link.» Und schon ist man wieder auf der Versandliste.

Machen Sie Ihre Rückgewinnungsaktivität ansprechend und wertig, indem Sie gegenüber der üblichen Kundenansprache um eine Kommunikationsstufe nach oben gehen. Das heißt, dass man Kunden, die für gewöhnlich schriftlich angesprochen werden, nun anruft. Mit Kunden, die normalerweise angerufen werden, verabreden Sie einen Termin. Kommt der Kunde in aller Regel zu Ihnen, dann gehen Sie dieses Mal zu ihm.

4.3.1. Die Angst vor dem Nein

Im Rahmen der Kommunikation gibt es ein zutiefst menschliches Problem, das jeder Verkäufer kennt: die Angst vor dem Nein des Kunden. Wer Kunden zurückgewinnen will, muss zwangsläufig mit einer bestimmten Anzahl von Absagen rechnen – das ist ein Teil des Jobs. Weniger erfolgreiche Verkäufer haben jedoch oft Angst vor Ablehnung. Sie fürchten eine Blamage und damit eine Beschädigung ihres Egos. Jedes Nein wird als emotionale Zurückweisung erlebt.

Ablehnung kann, wie jeder am eigenen Leib schon gespürt hat, eine sehr unangenehme Erfahrung sein. Viele Verkäufer versuchen deshalb, dieser aus dem Weg zu gehen. Sie schwafeln herum und reden um den heißen Brei – nur um die Come-back-Frage zu umschiffen. Doch was bedeutet ein Nein des Kunden wirklich? Es ist ein Nein für dieses Mal oder für das spezifische Angebot – und gleichzeitig das Offensein für mögliche zukünftige Optionen. Die Frage ist außerdem: Worauf zielt dieses Nein ganz genau? Auf den Preis, die Vorgehensweise, den Verkäufer, die Story? Verkäufer, die auf ein Nein emotional reagieren, sind oft blockiert für diese Sichtweise – und scheitern.

Der Verkaufsleiter der Baumer Electric AG aus Frauenfeld in der Schweiz erzählte mir hierzu die folgende Geschichte: «Ein Kunde besuchte uns während einer Ausstellung und zeigte großes Interesse an einem unserer Produkte. Aufgrund einer Gebietsumverteilung fasste der verantwortliche Verkäufer nicht sofort nach, und ein Anruf blieb unbeantwortet. Als wir ihn schließlich kontaktierten, war der Deal bereits gelaufen. Der Kunde war außerdem ziemlich verärgert über die scheinbare Arroganz unseres Unternehmens, so «kleine Kunden wie ihn» nicht zu bedienen. Nachdem er bis dahin stolz war, unsere Produkte einzusetzen, hatte er sich darauf hin bewusst gegen uns entschieden. Er war aber offen, mich bei Gelegenheit noch einmal zu treffen. Nach einem vollen Arbeitstag bin ich gegen Abend bei ihm vorgefahren. Er war spontan bereit, mir fünf Minuten seiner Zeit zu schenken. Das Gespräch hat dann über zwei Stunden gedauert. Er hatte leider keinen weiteren Bedarf und war hoch zufrieden mit der Anschaffung, die er bei der Konkurrenz gemacht hatte. Ich war zwar enttäuscht, zeigte aber Verständnis für seine Entscheidung. Sechs Monate später rief er mich an. Wir vereinbarten einen Termin für die Besprechung eines neuen Projekts im Umfang vom Zehnfachen des verlorenen Geschäfts. Wir bekamen den Auftrag und weitere lukrative Folgeaufträge. Einige Monate später erhielt ich den Anruf eines uns unbekannten Unternehmens, das genau die gleiche Lösung benötigte. Nach minimalem Beratungsaufwand erhielten wir den Zuschlag. Es war eine Empfehlung des wiedergewonnenen Kunden.»

Jeder Rückhol-Erfolg beginnt also im eigenen Kopf. Am besten, Sie haben ihn vor Ihrem geistigen Auge schon vollbracht. Der Rest ist dann die bekannte «sich selbst erfüllende Prophezeiung». Trauen Sie sich, ergreifen Sie die Initiative, bitten Sie um die zweite Chance! Abschluss-Angst des Verkäufers erhöht automatisch die Entscheidungsangst beim Kunden. Und: Nicht gefragt ist auch ein Nein. Selbst wenn dies als «Ich will es mir noch mal überlegen» nett verpackt ist. Machen wir uns nichts vor. Wenn *Sie* Ihren Gesprächspartner nicht überzeugen, wird es ein anderer tun.

4.3.2. Die Umsetzungsziele definieren

Während in der Analysephase der Dialog in die Vergangenheit ging («Was haben wir falsch gemacht?» oder: «Was kann der Wettbewerber besser als wir?»), ist der Dialog zur Reaktivierung eines Kunden in die Zukunft gerichtet. Beide Gesprächssequenzen können unmittelbar aufeinander folgen oder aber getrennt voneinander geführt werden. Dabei wollen Sie nun:

- dem Kunden die längst vermisste Aufmerksamkeit schenken
- eine Rückmeldung (Feedback), weshalb der Kunde ging
- Fehlleistungen korrigieren und Wiedergutmachung leisten
- fehlende Informationen nachliefern
- «falsche» Wahrnehmungen des Kunden zurechtrücken
- Rückkehr-Verhandlungen führen
- ein Come-back-Angebot verkaufen

… um so den Kunden wieder zurückzugewinnen. Wenn es Ihnen allerdings nur um Feedback geht, dann sagen Sie das dem Kunden. Das nimmt Druck aus dem Gespräch und ermöglicht bessere Ergebnisse.

Für den Fall, dass sich Ihr Hauptziel nicht erreichen lässt, können Sie sich zumindest Unterziele setzen:

- einen positiven Eindruck vermitteln
- negativer Mundpropaganda vorbeugen
- den Weg für ein späteres Zurück offen halten
- zur nächsten Ausschreibung zugelassen werden
- bei der nächsten Vertragsrunde zum Zug kommen

Nachdem die Ziele definiert sind, bestimmen Sie die Kommunikationsform, die Ihnen hilft, diese Ziele zu erreichen.

4.3.3. Im persönlichen Gespräch

Im persönlichen Gespräch mit dem ehemaligen Kunden gelten alle Regeln eines guten Verkaufsgesprächs. Diese hier im Einzelnen aufzuführen hieße, den Umfang des Buches bei weitem zu sprengen. Gerne verweise ich den Leser auf mein Buch *Erfolgreich verhandeln – erfolgreich verkaufen* aus dem BusinessVillage Verlag. Aus der Praxis für die Praxis geschrieben, beschreibt es die erfolgversprechendsten Vorgehensweisen im modernen Verkauf.

Auf einige Aspekte, die im Zusammenhang mit anspruchsvollen Come-back-Gesprächen besonders zielführend sind, möchte ich im Folgenden eingehen.

4.3.3.1. Bei mir oder bei dir?

Stellen Sie sich einmal vor, Sie sind auf einem schmalen Pfad im tiefen Wald unterwegs und es kommt Ihnen jemand entgegen. In Bruchteilen von Sekunden wird Ihr Hirn eine Fülle von Daten verarbeiten, um zu entscheiden: Freund oder Feind. Dementsprechend bleiben Sie auf dem Weg – oder Sie treten beiseite. Dieser Entscheidungsprozess ist bereits abgeschlossen, noch bevor Ihr Denkhirn sich einschaltet.

Sehr Ähnliches passiert dem Kunden, wenn er Sie (wieder)

sieht. Er hat bereits (mindestens) eine negative Erfahrung mit Ihrem Unternehmen hinter sich. Vermeiden Sie also alles, was bei Ihrem Rückholversuch bedrohlich wirken könnte. Geben Sie Raum, sowohl verbal als auch territorial. Vom Fußball ist bekannt, dass der Testosteronspiegel im Blut der Mannschaft, die zu Hause spielt, höher ist. Die heimischen Zuschauer als «12. Mann» tun ein Übriges. Diese Erkenntnisse lassen sich auch im Rückgewinnungsmanagement nutzen.

Wenn wir uns gut fühlen, treffen wir schneller Entscheidungen. In positiver Stimmung geht das Denken leicht und locker. Wir sind zuversichtlich und glauben an den Sieg. Das macht uns Mut. So spricht alles dafür, das Gespräch mit dem Kunden, den wir zurückgewinnen wollen, dort zu führen, wo er sich am wohlsten führt: bei sich am Arbeitsplatz bzw. bei sich zu Hause. Denn dort hat er ein Heimspiel. Am Ende muss er ja seine eigene Abneigung besiegen, es noch einmal mit Ihnen zu versuchen. Er muss von sich aus wollen.

4.3.3.2. Die Sprache

Ein Rückhol-Gespräch ist kein Standardgespräch. Keine zwei solcher Gespräche sind gleich. Bereiten Sie sich daher äußerst sorgfältig vor. Befassen Sie sich mit der Kundenhistorie und dem Menschen, der vor Ihnen sitzen wird. Ist er überhaupt der Entscheider? Wer hat in «Buying Centern» was zu sagen? Definieren Sie Ihr Ziel. Wählen Sie einen hoffnungsvollen Einstieg. Formulieren Sie passende Fragen vor. Denken Sie über mögliche Einwände des Kunden nach. Visualisieren Sie ein Abschluss-Szenario und die weitere Zusammenarbeit. Und: Entwickeln Sie Vorfreude auf den Erfolg.

Der Einstieg

«In der rechten Tonart kann man fast alles sagen; in der falschen nichts», hat George Bernard Shaw einmal gesagt. Jedes Gespräch, das Sie führen, ist nur so gut wie das Gefühl, das es am Ende bei den Beteiligten hinterlässt! Stimmt die Beziehungsebene nicht, ist auf der Sachebene wenig zu erreichen. Lassen Sie dem Kunden die Entscheidung, welche «Temperatur» das Gespräch haben soll. Nennen Sie zunächst eine Begründung, weshalb Sie den Kunden ansprechen. Dies kann sich beispielsweise wie folgt anhören:

«Herr Kunde, wir haben jetzt insgesamt fünf Jahre zusammengearbeitet. Ich habe beobachten können, wie Ihr Unternehmen gewachsen ist, und ich war – das kann ich ruhig sagen – ein wenig stolz, dass wir mit unseren Produkten dies alles unterstützen konnten. Nun möchte ich Sie gerne zurückgewinnen.»

Oder: «Sie waren für uns ein wichtiger und auch ein sehr angenehmer Kunde. Umso mehr bedaure ich, dass wir Sie verloren haben. Wir möchten etwas daraus lernen. Was war denn für Sie der vorrangige Absprunggrund?»

Oder: «Ich komme heute zu Ihnen, um genau zu ergründen, was im Einzelnen passiert ist, und um zu sehen, ob nicht möglicherweise doch noch Anknüpfungspunkte für eine gemeinsame Zusammenarbeit bestehen.»

Emotionalisierend fragen

Verkäufer sind sich oft so gefährlich sicher, genau zu wissen, was für ihre Kunden richtig ist. Doch wir können den Menschen nur vor die Stirn schauen. Was sich dahinter tut, lässt sich nur auf eine einzige Art und Weise erfahren: durch Fragen. Fragen heißt Anklopfen, und der Hausherr macht mentale Türen und Fenster auf und lässt uns ein wenig in seine Hirnwindungen schauen. Damit wir nun die so entscheidenden emotionalen Bereiche seines Oberstübchens erreichen, müssen wir emotionalisierende Fragen stellen.

Emotionalisierende Fragen beschäftigen sich ganz gezielt mit dem subjektiven Blickwickel des Kunden und auch mit seinem Gefühlsleben. Sprechen Sie in dieser Phase den Kunden unbedingt mit Namen an, in etwa so:

• Was halten Sie denn ganz persönlich von der Sache, Herr xx?

- Aus welchen tieferen Gründen ist das so wichtig für Sie, Frau xx?
- Wie wirkt das auf Sie, Herr xx?
- Was geht in Ihnen vor, Frau xx, wenn Sie das sagen?
- Frau xx, was bedrückt Sie an dieser Situation ganz besonders?

Solche Fragen können Sie in alle Phasen des Verkaufsgesprächs einstreuen. Achten Sie darauf, dass Männer und Frauen einen unterschiedlichen Zugang zu ihren Gefühlen haben. Je nach Situation können Sie einen weiblichen Kunden durchaus einmal fragen: «Wie fühlen Sie sich dabei, Frau xx?» An männliche Kunden gestellt, hört sich das etwas abgewandelt wie folgt an: «Wie geht es Ihnen damit, Herr xx?»

Jeder Verkäufer kennt die sogenannten W-Fragen, die einen Kunden öffnen sollen. Ich schlage Ihnen eine viel wirkungsvollere Frage vor, die auch die emotionalen Bereiche anspricht: Es ist die **«Erzählen Sie mal»-Frage.** Sie ist klasse, denn im Plauderton deckt der Kunde am ehesten seine wahren Motive auf. So erfahren Sie, wie die Sache im Einzelnen gelaufen ist und wie es ihm dabei erging. Und wenn er fast fertig ist, schieben Sie die **Traum-Frage** nach: «Und wie sähe das nun in Ihren kühnsten Träumen aus?»

Prima funktionieren auch die sogenannten **hypothetischen Fragen.** Sie erlauben Einblicke in Denkweisen und Hintergründe. Und sie klären Möglichkeiten ab. Dabei gibt es die:

- Visionsfrage: «Wenn Sie die freie Wahl hätten, ... zu tun, wie würden Sie sich dann entscheiden?»
- Wunderfrage: «Nur mal angenommen, wie durch ein Wunder wäre dieses Problem vom Tisch, was wäre dann?»
- Dritter-Mann-Frage: «Angenommen, wir würden jetzt Ihren Chef/Ihren Kollegen vom Einkauf/Ihren Partner/einen Außenstehenden fragen, was er davon hält, was würde der wohl sagen?»
- Als-ob-Frage: «Nur mal angenommen, wir würden in Zukunft

wieder zusammenarbeiten. Was wäre dann Ihr größter Wunsch an uns?»

Hinhören und «quittieren»

Gute Hinhörer nehmen nicht nur die Fakten auf, sondern sie versuchen auch, herauszuspüren, was den Kunden emotional bewegt. Erzählt er Ihnen beispielsweise voller Wut, wie ihn sein Betreuer schon zweimal bei einer eiligen Sendung hat hängen lassen, sagen Sie: «Es nervt Sie sehr, dass ...» Oder noch treffender: «Das ist also jetzt zum zweiten Mal passiert. Und das hat Sie ganz schön aufgebracht.» Weitere emotionalisierende Formulierungen könnten sich wie folgt anhören:

- Es ärgert Sie, dass ...
- Sie fühlten sich nicht richtig verstanden dabei.
- Ich kann sehr gut nachvollziehen, dass ...
- Sie sind enttäuscht, weil ...
- Sie befürchten, dass ...

Falls Sie Ihrer Sache nicht sicher sind, können Sie dies auch ganz vorsichtig formulieren, in etwa so: «Ich höre gerade eine Veränderung in Ihrer Stimme.» Wichtig dabei ist, es wie eine Feststellung klingen zu lassen, also kein Fragezeichen ans Ende zu setzen. Die Frage könnte wie eine Behauptung wirken, die der Kunde postwendend widerlegen will. Schließt Ihr Satz mit einem Punkt und geht die Stimme dabei nach unten, signalisieren Sie stilles Verstehen. Falls Sie danebenliegen, wird der Kunde wahrscheinlich seine Sichtweise präzisieren. Und das ist gut so.

Emotionalisierende Hinhörer praktizieren das positive Quittieren. Das heißt: Jedes Mal, wenn der Kunde eine in ihrem Sinne positive Antwort gibt, belohnen sie ihn mit einer wertschätzenden Aktion. Sie besteht aus einem verbalen und einem nonverbalen Teil:

- **«Ah!»** Und Lächeln.
- **«Oh!»** Und Augenbrauen heben.
- **«Eine tolle Idee!»** Und anerkennendes Kopfnicken (Nicktechnik).
- **«Interessant!»** Und vorrücken oder vortreten (bis zur Distanz-Zone).
- **«Stimmt genau!»** Und anerkennend die Mundwinkel heben.
- **«Wie schön, dass Sie danach fragen!»** Und leuchtende Augen.

Menschen verstärken Verhalten, für das sie Anerkennung bekommen. Positiv quittierte Aussagen helfen, Unsicherheit in Sicherheit zu verwandeln. Und nur, wer sich absolut sicher fühlt, kauft sicher wieder bei Ihnen ein.

Emotionalisierend argumentieren
Benutzen Sie Ihren Gesprächspartner nicht als Bühne für Ihre Sprachbegabung, sondern dialogisieren Sie. Ein Grundsatz, gegen den viele Verkäufer immer wieder verstoßen: Der Kunde erhält die meiste Redezeit. Denn seine Aussagen sind Wegweiser für Ihren Erfolg. Zeigen Sie ehrliches und wertfreies Interesse an seiner Meinung, an seinen Motiven und an seinen Gefühlen. Das hört sich etwa so an:

- Wie stellt sich das Ganze denn aus Ihrer Sicht dar?
- Welche weiteren Vorteile/Möglichkeiten/Nachteile sehen Sie?
- Übrigens, welcher der Punkte ist für Sie der wichtigste, Herr xx?
- Auf welchen Teilaspekt könnten Sie am wenigsten verzichten?
- Sie sind *im Moment* noch ein wenig skeptisch, nicht wahr?
- Was verstehen Sie genau unter vertrauensvoller Partnerschaft?
- Was macht eigentlich die Konkurrenz so viel besser als wir?
- Was haben Sie bei uns ganz besonders vermisst?
- Und was haben Sie bei uns ganz besonders geschätzt?

Über die eigenen Vorstellungen und ihre Wertewelt sprechen die meisten Kunden gerne, offen und weitschweifend. Denn damit können sie sich profilieren. Und *Sie* erhalten so wertvolles Futter zur Vorbereitung des Abschlusses.

Zwischendurch heißt es immer wieder: zusammenfassen. («Wenn ich Sie richtig verstanden habe, und verbessern Sie mich, wenn etwas nicht stimmt, heißt das …») Formulieren Sie das, was Sie gehört haben, möglichst positiv. Man kann die Sichtweise des anderen immer achten, auch ohne damit einverstanden zu sein. Wenn Sie wollen, dass der andere Ihre Argumente würdigt, dann fangen Sie damit an, seine zu würdigen!

Manipulieren Sie nicht, lügen Sie nicht und benutzen Sie keine rhetorischen Tricks. Präsentieren Sie keine Sündenböcke aus dem eigenen Unternehmen. Schärfen Sie Ihre Wahrnehmung. Nutzen Sie Gestik und Mimik, Bilder und Geschichten. Nicken Sie, wenn Sie von einer positiven gemeinsamen Zukunft sprechen. Und überprüfen Sie immer wieder, wie Ihre Argumente wirken:

Das Opferlamm: Entschuldigt stammelnd die Pannen des Unternehmens, senkt dann schuldbewusst den Blick und wartet stumm auf das «Urteil» des Kunden. Wer wie ein sanftes Lämmchen tut, muss damit rechnen, dass er bissige Wölfe anlockt.

Das Maschinengewehr: Verteidigt etwa den Preis, der dem Kunden zu teuer war, indem er rechtfertigend und mit blitzenden Augen zum Angriff übergeht: «Ja was glauben Sie, wie teuer heute alles geworden ist! Kaum zu finanzieren! Die Gesetze! Und die Banken! Und … und … und …!» Wer harte Munition einsetzt, muss damit rechnen, dass die Kunden das Weite suchen. Oder massiv zurückschießen.

Die Schrotflinte: Hat keine Ahnung, worum es dem Kunden eigentlich geht, was er braucht und wie man ihm helfen kann. Verschießt wahllos alle seine Argumente in der Hoffnung, dass wenigstens eines trifft. Wer planlos durch die Gegend ballert, braucht sich über mangelndes Jagdglück nicht zu wundern. Denn solchen Verkäufern fehlt neben dem Einfühlungsvermögen für seinen Gesprächspartner auch die Intuition, um an dessen kaum wahrnehmbarem Wimpernschlag zu erkennen, wann er einen Treffer gelandet hat.

Achten Sie auch darauf, nicht zu überdrehen. Die richtige Dosierung macht's. Das heißt: *Nicht* bemüht höflich und aufgesetzt freundlich wirken, sich *nicht* beim Kunden anbiedern und einschleimen, dem Kunden *nichts* aufzwingen. «Und spürt man die Absicht, ist man verstimmt», hat schon Goethe gesagt. Was die richtige Dosierung ist? Das kommt auf den Kunden an. Wer als Kunde selbst begeisterungsfähig ist, lässt sich gerne mitreißen. Wer hingegen seine Gefühlsausbrüche ins Tiefkühlfach legt, interpretiert jeden Anflug von Begeisterung schon als künstlich.

Ist der Kunde verärgert und will erst noch seinen Frust loswerden, ist in dieser Phase übertriebene Heiterkeit völlig fehl am Platz. Ein solches Kontrastprogramm könnte ihn nur noch wütender machen. Mitfühlen, ohne mitzujammern, und betonte Sachlichkeit ist hier die bessere Alternative.

Für den Fall, dass das Gespräch festgefahren ist, helfen möglicherweise folgende Fragen weiter:

- «Ich habe das Gefühl, irgendwie ist Ihnen nicht ganz wohl bei der Sache.»
- «Ich habe den Eindruck, dass wir uns im Kreis drehen. Offenbar habe ich etwas noch nicht herausgehört, was Ihnen wichtig ist.»
- «Welche Frage müsste ich stellen, damit wir im Gespräch weiterkämen?»

Haben sich die Menschen erst einmal von der Seele geredet, was sie wirklich bewegt, werden sie sich anschließend viel leichter der Sache zuwenden können.

Die Abschlussphase

Die Krönung eines jeden Reaktivierungsgesprächs? Der Kunde kommt zurück! Ihr Gespräch ist optimal gelaufen, wenn er das von sich aus sagt. Manchmal allerdings müssen Sie ein wenig nachhelfen. Dazu brauchen Sie Abschlussfragen – begleitet von einer selbstsicheren Haltung, einem freundlichen Blickkontakt und einem Kopfnicken. So kann es gehen:

- Prima, dann sind wir uns ja einig, oder?!
- Es sieht so aus, als ob wir das Richtige gefunden haben.
- Was müssen wir tun, damit wir wieder Partner werden, Herr xx?
- Wenn Sie an meiner Stelle wären, Herr xx, was würden Sie tun?
- Was müsste denn passieren, Frau xx, damit Sie wieder mit uns zusammenarbeiten?
- Nur mal angenommen, alle angesprochenen Probleme wären aus der Welt. Wie könnte sich denn dann eine Zusammenarbeit wieder entwickeln?
- Und wenn ich Ihnen zusichern kann, dass wir genau das in Zukunft leisten können, was wäre dann?

Geben Sie nicht zu früh auf! Selbst wenn der Kunde jetzt noch zögert und zunächst nein sagt: Bleiben Sie dran. Dabei hilft Ihnen die 3H-Regel: Höfliche Hartnäckigkeit hilft. Im Gespräch hört sich das dann beispielsweise so an: «Schade, ich hätte sehr gerne wieder mit Ihnen zusammengearbeitet. Unter welchen Umständen wäre das denn noch erreichbar?» Danach machen Sie eine Pause. Zieht der Kunde immer noch nicht, dann geben Sie sofort auf, sonst wirken Sie nur noch lästig. Ein Profi spürt genau, wann ein Kunden-Nein «noch nicht» bedeutet – und wann es endgültig ist. Und: Ein Profi reagiert niemals beleidigt.

Auf Einwände gut vorbereitet sein

Wie hören sich Kundeneinwände im Rahmen der Rückgewinnung an? Das ist von Fall zu Fall ganz verschieden. Klassische Aussagen sind:

- Ihr Produkt interessiert mich nicht mehr.
- Mit Ihrem Unternehmen will ich nichts mehr zu tun haben.
- Stehlen Sie mir nicht noch länger meine Zeit.
- Bei Ihrem Mitbewerber fühle ich mich besser betreut.
- Das haben Sie mir schon einmal versprochen.
- Jetzt, wo ich kündige, bin ich Ihnen auf einmal wichtig.
- Jetzt, wo ich kündige, rücken Sie auf einmal mit den tollen Angeboten raus.

Einwände sind Wegweiser zum Abschluss. Sie zeigen, dass noch ein Rest an Interesse an der Zusammenarbeit besteht. Sie müssen raus, damit die Reaktivierung gelingen kann. Erforschen Sie dabei vor allem die «wahren» Gründe. Machen Sie *nie* einen Einwand nieder! Wertschätzen Sie ihn und quittieren Sie ihn positiv: «Danke, dass Sie darauf zu sprechen kommen!», «Schön, dass Sie darauf hinweisen!», «Es freut mich, dass Sie das gleich sagen!». Sie selbst sprechen übrigens nie von einem Einwand, sondern immer von Anliegen, Fragen, Hinweisen, Aspekten oder Argumenten. Das ist Gewinnersprache.

Einwände werden nicht entkräftet, sondern wie eine Frage *beantwortet*. Dem Kunden in dieser Phase zu widersprechen wäre verkäuferischer Selbstmord. Ziel ist es vielmehr, eine zunächst noch ablehnende Einstellung des Kunden in eine zustimmende Haltung zu verwandeln. Hierzu muss man auf Einwände gut vorbereitet sein. Erstellen Sie daher eine Liste mit den gängigsten Einwänden und formulieren Sie Antworten vor. Im Eifer des Gesprächs sind Sie dann wenigstens nicht sprachlos.

4.3.3.3. Der emotionale Verkäufer

Es ist Angst vor Peinlichkeit oder Ablehnung, die uns daran hindert, Emotionen ins Spiel zu bringen. Menschen wollen in ihren Emotionen berührt, sie wollen aber nicht entlarvt werden. Lernen Sie, diesen schmalen Grad zu gehen. Schärfen Sie Ihren gesunden Menschenverstand, werden Sie zum Menschenversteher. Machen Sie sich das emotionale Argumentieren zur Routine. Sie lernen eine Menge dabei und werden noch erfolgreicher. Denn wie heißt es so schön: Wer die Herzen gewinnt, hat mit den Köpfen leichtes Spiel. Und ich ergänze: Auch mit dem Portemonnaie seiner Kunden.

Ach ja: Wer in anderen Emotionen auslösen will, muss selber Emotionen zeigen. «Je mehr eine Person versteht, andere die eigenen Gefühle miterleben zu lassen, desto mehr Ausstrahlung wird ihr bescheinigt», sagt die Diplom-Psychologin und Körpersprache-Expertin Monika Matschnig.

Kunden wollen wissen, was mit «Mensch Verkäufer» los ist und welche Person sich hinter der Verkäuferrolle verbirgt. Worüber freut er sich? Was macht ihn skeptisch? Wo befürchtet er etwas? Wann ist er sich seiner Sache ganz sicher? Wer als Verkäufer emotional aus sich herausgeht und Emotionen zeigt, gibt dem Kunden die Möglichkeit, dies ebenfalls zu tun. Und nur, wer mental gut drauf ist, wer seine Kunden emotionalisiert und damit deren Kauflust-Zentren aktiviert, der wird im Kundenrückgewinnen erfolgreich sein.

Denn Menschen übernehmen automatisch Gefühle voneinander, die Stimmungen gleichen sich an. Und, welch gute Nachricht, die positiven Gefühle breiten sich dabei leichter aus! «Gute Laune ist ansteckend», sagt wissend der Volksmund. Spiegelneurone, erläutern die Hirnforscher, sind dafür verantwortlich.

Spiegelneurone – so der bereits erwähnte Psychoneuroimmunologe Joachim Bauer in seinem Buch *Warum ich fühle, was du fühlst* – sind «Nervenzellen, die im eigenen Körper ein bestimmtes Programm realisieren können, die aber auch dann aktiv werden, wenn man beobachtet oder auf andere Weise miterlebt, wie ein anderes Individuum dieses Programm in die Tat umsetzt». Das heißt, wir erleben, was andere fühlen, in einer Art innerer Simulation. Dies führt oft auch zu spontaner Imitation. Gut zu beobachten ist dies am Gesichtsausdruck eines Menschen, der beobachtet, wie sich ein anderer mit dem Hammer feste auf den Daumen haut.

Intuitive Wahrnehmung, Empathie und Mitgefühl sind womöglich nichts anderes als das Ergebnis gut trainierter Spiegelneurone. Angemessene, ehrliche Reaktionen auf das, was andere bewegt, scheint eine Schlüsseleigenschaft beim Aufbau von Sympathie und Vertrauen zu sein. Für beglückte Spiegelungen werden wir von unserem eigenen Körper – und schließlich auch von unseren Mitmenschen – belohnt.

Dem einfühlsamen, offenen, selbstbewussten Verkäufer, der seine Sache ehrlich, entschlossen und überzeugend vertritt, dem werden wankende Kunden folgen. Denn wer selbst unsicher ist, handelt klug, wenn er sich demjenigen anschließt, der so tut, als ob er sicher sei. Der gute Eindruck entscheidet. Das gilt natürlich auch für Äußerliches. «Der Anzug redet lauter als der Mund», sagt eine alte Verkäuferweisheit.

4.3.3.4. Die Körpersprache

Der amerikanische Neuro-Psychologe Antonio R. Damasio bezeichnet den Körper als Bühne unserer Emotionen. Er nennt die Veränderungen auf dieser Bühne «somatische Marker», weil sie körperlich (= somatisch) markieren, was das Gehirn emotional verarbeitet. Positive somatische Marker sind beispielsweise das ruhige und tiefe Atmen, ein wohliges Kribbeln im Bauch, der sich weitende Brustraum, ein freundliches Lächeln, strahlende Augen und die entspannte Mundpartie.

Negative Marker sind unter anderem die Gänsehaut, das hastige Atmen, das flaue Gefühl im Magen, der Kloß im Hals und die Genickstarre. Positive, also angenehme Marker sagen uns: «Weiter so!» Negative, also unangenehme Marker sind Signale für: «Kämpfe!» oder «Fliehe!». Es ist also gut, unseren Körper zu befragen, was er von einer Sache hält, und zu lernen, auf die feinen Stimmen (= Stimmungen) unseres Körpers zu hören.

Mit solchem Wissen sind wir unseren Körperreaktionen nicht mehr schutzlos ausgeliefert, sondern können uns diese viel besser bewusst machen – und steuernd eingreifen. Sobald wir beispielsweise die Trockenheit im Hals und das Zusammenziehen im Bauch spüren, wenn der Kunde laut wird, werden wir nun nicht mehr automatisch unser Rückzugsprogramm («Ich habe die Sache nicht verbrochen, da fragen Sie mal besser unseren Marketing-Heini!») oder aber einen Angriff («Ja was glauben Sie denn, wie teuer alles geworden ist!») starten. Vielmehr werden wir nun bewusst und willentlich in den positiven Bereich wechseln können und gelassen die richtigen Worte finden.

Es hilft ebenso, die Stimmung unseres Gesprächspartners an seiner Körpersprache abzulesen. Dabei gilt: Die Menschen sind alle verschieden – auch was ihre Körpersprache betrifft. Einige Signale, wie das Lachen, sind auf der ganzen Welt gleich, andere hängen mit dem Kulturkreis zusammen. Körpersprache kann immer nur in Zusammenhang mit der Situation interpretiert werden. Manche körpersprachlichen Angewohnheiten eines Individuums haben sich geradezu zu Eigenheiten entwickelt. Und natürlich lässt sich Körpersprache bewusst und gezielt einsetzen – auch von Seiten der Kunden. Da heißt es, seine nonverbale Wahrnehmungsfähigkeit zu verfeinern!

Was unser Körper erzählt

Haben Sie schon einmal fasziniert der Performance eines Gedankenlesers beigewohnt? Und sich kopfschüttelnd gefragt, welche Macht wohl hier am Werke ist? Gedankenlesen ist keine Zauberei, sondern explizites Wissen um die feinen Nuancen der Körpersprache – verbunden mit geschärften Sinnen, um diese wahrnehmen und richtig interpretieren zu können. Ein guter Gedankenleser kann beispielsweise aus winzigen unbewussten Augenbewegungen einer Versuchsperson herauslesen, wo diese einen Gegenstand versteckt hat. Denn nahezu alles, was unser Gehirn denkt, wird von unserem Körper repräsentiert, wenn auch oft nur hauchzart und für Bruchteile von Sekunden.

Ein beiläufiger Blick oder eine knappe Geste sagen oft mehr als tausend Worte. Und den Emotionen, die sich in Mimik und Gestik widerspiegeln, messen wir weit mehr Bedeutung zu als dem gesprochenen Wort. Ständig übermittelt unser Körper Signale. Sie werden meist unbewusst ausgesandt und vom Gesprächspartner auch unbewusst aufgenommen. Die Körpersprache hat unglaubliche Macht – und wird meist gnadenlos unterschätzt.

Einen sehr beeindruckenden Test machte – zur Freude seiner Studenten – Siegfried Vögele, der deutsche Direktmarketing-Papst, immer wieder gern. Er hatte ein Wort kreiert, das es nicht gibt: epibrieren. So ging er beispielsweise in eine Gaststätte und fragte mit verkniffenem Gesicht und gestenreich: «Wo kann ich denn hier mal ganz schnell epibrieren?» Fast immer ging der Wink in Richtung …

Wir sind äußerst empfänglich für Hinweise, die uns die Gefühle unserer Mitmenschen verraten, die zeigen, wie sie gerade drauf sind. Im Zweifel vertrauen wir der Körpersprache. Der Körper lügt nicht, heißt es dazu im Volksmund. Die Körpersprache haben wir viel früher beherrscht als das gesprochene Wort. Denn Menschen sprechen erst seit 100 000 Jahren miteinander. Und die Schrift ist erst 6000 Jahre alt. Deswegen sind Bilder und Geschichten so wichtig.

Wenn zwei Menschen dasselbe sagen, ist es noch lange nicht das Gleiche. Das bedeutet, dass wir sowohl auf solche Worte achten müssen, die positive Assoziationen wecken, als auch auf die Tonalität unserer Stimme, die bezeichnenderweise für eine gute Stimmung sorgt. Gestik und Mimik tragen nicht nur zu einem besseren Verständnis bei, wie wir in fernen Ländern mit fremden Sprachen unschwer feststellen können, sie sind auch maßgeblich für gute oder weniger gute Gefühle verantwortlich. Bei uns selbst – und bei anderen.

Interessant: Dort, wo uns die deutende Kraft der Körpersprache fehlt, also im Internet und beim Simsen, haben wir Symbole, die sogenannten Emoticons, erfunden, um unseren Gefühlen Ausdruck zu geben, sei es :-)) oder ;-((.

Die eigene Körpersprache

Sich mit seiner eigenen Körpersprache auseinander zu setzen, ist kein leichtes Unterfangen. Denn während wir angestrengt nach klaren Gedanken und guten Worten suchen, laufen Gestik und Mimik parallel, meist unbewusst und schwer kontrollierbar. Bei Menschen, die wir als authentisch erleben, sagen Sprache und Körpersprache das Gleiche. Bei allen anderen neigen wir zur Vorsicht, unter Umständen sogar zu Argwohn («Ich habe so ein komisches Gefühl, hier stimmt was nicht»). Wer unsicher ist, kauft nicht – und lässt sich auch nicht zurückgewinnen.

Dies zeigt, wie wichtig es im persönlichen Gespräch ist, immer mal wieder innezuhalten, sich selbst zu beobachten und sich bewusst zu machen: «Wie wirkt meine Körpersprache gerade auf meinen Gesprächspartner?» Um mehr über die Wirkung seiner eigenen Körpersprache zu erfahren, bietet sich das ehrliche und konstruktive Feedback wohlmeinender Zeitgenossen an – oder die Kamera. Unser Rückgewinnungserfolg wächst garantiert, wenn wir stärker auf eine positive Körpersprache achten.

Manchmal werde ich gefragt, ob der bewusste Einsatz von Körpersprache denn nicht manipuliere. «Ja. Einen selber!», ist meine Antwort. Denn unser Organismus kontrolliert sich ständig selbst. Wie ein Scanner fährt unser Hirn den eigenen Körper ab und stellt beispielsweise fest: «Oh, sie lächelt! Also wird es ihr gut gehen.» Und schon werden alle Körperfunktionen auf «Es geht mir gut» eingestellt. Und diese positive Einstellung springt schließlich auch auf den Kunden über.

Die Körpersprache des Gesprächspartners
Während des Rückgewinnungsgesprächs muss der Verkäufer ständig die Reaktionen seines Gesprächspartners beobachten. Erkennt er beispielsweise eine negative Mimik, gibt es nur eins: Sofort zu reden aufhören, denn seine Argumente werden sein Gegenüber nicht erreichen. In angespanntem Zustand, an einem verhärteten Gesichtsausdruck sichtbar, kann man Informationen weit weniger gut aufnehmen als in lockerer Atmosphäre.

Sitzt unser Gesprächspartner quasi unbeweglich von Anfang bis Ende da, haben unsere Argumente ihn, im wahrsten Sinne des Wortes, nicht bewegt, also nichts bewegt. Da heißt es, Aktivität ins Spiel zu bringen, sei es verbal oder auch real. Gehen Sie mit Ihrem Kunden von A nach B oder sorgen Sie für Entspannung: durch Humor, etwas zu essen/trinken, eine gute Frage.

Allein diese wenigen Überlegungen zeigen, wie wertvoll es ist, sich mit dem Thema Körpersprache intensiv auseinander zu setzen. Dazu verweise ich auf die einschlägige Literatur.

4.3.4. Im telefonischen Gespräch

Nicht alle Kunden wünschen ein persönliches Gespräch. Und nicht in jedem Fall sind Gespräche vor Ort möglich. Wer also nicht persönlich zu den Kunden gehen kann, die er zurückgewinnen will, sollte telefonieren. Bevor Sie nun eifrig zum Hörer greifen: Machen Sie sich vorher ein paar Gedanken. Telefonieren Sie nicht wie immer, überraschen Sie den Kunden mit einer Art, die er gar nicht erwartet hätte. So setzen Sie vielleicht bereits die ersten Pluspunkte. Und die werden Sie im weiteren Verlauf des Gesprächs gut gebrauchen können.

Natürlich bereiten Sie ein telefonisches Rückgewinnungsge-

spräch ganz besonders gut vor und legen sich einen Gesprächsleit-
faden zurecht. Lesen Sie ihn aber um Gottes willen nicht ab.
Sprechen Sie so frei wie möglich! Seien Sie ganz Sie selbst! Ein
Leitfaden ist ein Hilfsmittel im Hintergrund, er zeigt Ihnen die
Meilensteine zum Erfolg.

Im Anhang finden Sie übrigens einen Muster-Gesprächsleitfa-
den, der für eine emotionalisierende regionale Rückgewinnungsaktion entwickelt wurde. Mein Dank dafür geht an die Top-Tele-
fontrainerin Claudia Fischer.

Bevor Sie nun zum Hörer greifen, um Ihren ersten Ex-Kunden
zu reaktivieren: Üben Sie! Viele Verkäufer gehen viel zu blauäugig
in ein Gespräch und glauben, das, was sie so draufhaben, reicht –
und der Rest sei Improvisation. Und wenn es dann wieder mal
nicht geklappt hat, müssen die üblichen Sündenböcke herhalten.
Denken Sie nur mal daran, wie viele Stunden täglich ein Musiker
übt, um schließlich vor großem Publikum aufzutreten. Unser Gehirn baut Nervenbahnen sofort zurück, die nicht regelmäßig benutzt werden.

Hier eine kleine Checkliste für die hohe Schule des Kunden-
rückgewinnens am Telefon:

Der Zeitpunkt: Ist der Zeitpunkt günstig? Und haben Sie ausreichend Zeit? Reaktivierungstelefonate sollten nie unter Zeitdruck
oder mit Zeitlimits geführt werden. Der Kunde entscheidet, wie
lange das Gespräch dauern soll.

Der Ort: Haben Sie einen ruhigen Ort gewählt? Gibt es Ge-
tratsche? Laute Drucker? Klappernde Tastaturen? Andere störende
Hintergrundgeräusche? Wer telefoniert, versucht wahrzunehmen,
was er selber sagt. Ist es in der Umgebung laut, so heben Telefonie-
rende automatisch die Stimme, bis sie sich wieder selber sprechen
hören. Durchs Telefon kommt dann Gebrüll.

Die Vorbereitung: Ist der Mund frei? Nicht rauchen, keine
Nascherreien, nicht trinken, kein Kaugummi! Man hört dies alles
am anderen Ende der Leitung überlaut – und das nervt gewaltig.

Sind alle notwendigen Unterlagen griffbereit? (Kuli, Notizblock, Kundenhistorie usw.) Beherrschen Sie die Telefon-Anlage und das PC-Programm?

Die Einstellung: Sind Sie unruhig und nervös? Oder zuversichtlich? Glauben Sie an Ihren Erfolg? Lächeln Sie? Gute und leider auch schlechte Laune kann man am anderen Ende der Leitung deutlich spüren! Denn die Stimme vermittelt Stimmung. Führen Sie jedes Gespräch so, als ob es das einzige des Tages wäre! Beschäftigen Sie sich nicht mit Nebentätigkeiten, während es klingelt. Sie wirken dann beim Melden zerstreut.

Die Haltung: Setzen Sie sich gerade hin und lehnen Sie sich zurück. Das weitet den Brustraum, die Stimme klingt dann voller und gefasster! Gerade junge Frauenstimmen wirken am Telefon oft piepsig oder kindlich – und damit unsicher. So bekommen Sie den Kunden nicht zurück. Senken Sie daher bewusst Ihre Stimme, sprechen Sie «im Brustton der Überzeugung»!

Die Gestik: Stellen Sie sich beim Telefonieren immer einen Menschen vor, den Sie schon länger kennen, auch wenn das gar nicht der Fall ist. So wirken Sie freundlicher. Gestikulieren Sie am Telefon, das wirkt lebendig. Wenn Sie besonders dynamisch wirken wollen, dann stehen Sie auf und sprechen im Gehen. Kontrollieren Sie dabei Ihre Atmung, damit Sie nicht gehetzt wirken!

Am Handy: Wenn Sie den Kunden am Handy erwischen: Fragen Sie, ob der Zeitpunkt günstig ist, und fassen Sie sich möglichst kurz. Sprechen Sie besonders deutlich. Wenn der Anrufer etwas aufschreiben soll, fragen Sie, ob das gerade geht. Oder besser: Bieten Sie einen späteren Anruf an.

Die Ansprache: Sprechen Sie den Gesprächspartner mit seinem korrekten Namen an. Eine Kommunikationsregel sagt, man solle dies dreimal tun: Am Anfang des Gesprächs, passend in der Mitte und am Ende bei der Verabschiedung. Sind Sie wegen der Aussprache unsicher, dann fragen Sie: «Frau Dumont, wie spreche ich Ihren Namen richtig aus?»

Fragen statt sagen! Haben Sie zielführende Fragen vorbereitet? Sprechen Sie in kurzen Sätzen. Und höchstens drei Sätze auf einmal. Sprechen Sie im Sprechtempo Ihres Gesprächspartners. Machen Sie Pausen! Drücken Sie sich verständlich aus! Kein Fachjargon. Denn was man nicht versteht, das kauft man auch nicht. Verwenden Sie Worte, die der Kunde benutzt. Aber ohne ihn papageienhaft nachzumachen.

Reden lassen: Lassen Sie den Kunden erzählen. Geben Sie ihm Zeit und Raum, seine Sicht der Dinge zu schildern. Das gibt Ihnen Futter für das weitere Vorgehen. Hören Sie aufmerksam hin («Aha, hmm, das heißt also ..., einverstanden, danke, gerne»). Unterbrechen Sie nicht. Achten Sie auch auf die leisen Zwischentöne und auf Stimmungsschwankungen in der Stimme. Zeigen Sie Einfühlungsvermögen. Und: Versuchen Sie, mindestens einmal im Gespräch mit dem Kunden gemeinsam zu lachen.

Ihre Vorschläge: Haben Sie alternative Vorschläge parat, so dass der Kunde wählen kann? Sind Sie auf Einwände des Kunden vorbereitet? Haben Sie Abschlussfragen im Kopf? Wie hartnäckig wollen Sie sein? Der Grad zwischen anerkennenswerter Zielstrebigkeit und lästiger Penetranz ist manchmal sehr schmal. Am besten lassen Sie den Kunden selber sagen, wie er weiter vorgehen will.

Zusammenfassen: Fassen Sie am Schluss die Abmachungen und alles Wichtige noch einmal zusammen! Bieten Sie dem Kunden an, ihm dies schriftlich zu senden. Die vereinbarte Mail bzw. das Fax oder das Angebot müssen postwendend eintreffen. Sonst könnte es sein, dass sich der Kunde das Ganze doch noch einmal überlegt.

Bedanken: Bedanken Sie sich herzlich und – warum nicht – auch ein wenig emotional! («Ganz herzlichen Dank für Ihren neuen Auftrag. Ich freue mich sehr, dass wir wieder zusammenarbeiten können! Ich wäre traurig gewesen, wenn das nicht geklappt hätte.»)

Weiterverbinden: Wenn Sie an eine andere Abteilung weiterverbinden, nennen Sie den Namen der Person. («Ich werde Sie mit Frau xx verbinden.» Und zur Kollegin: «Da ist Frau Schüller für dich am Telefon.») Auch wenn Sie die Hörmuschel zuhalten oder den Hörer auf den Tisch legen: Der Anrufer hört mit, was im Raum passiert. Also wählen Sie Ihre Sprache im Umgang mit Kollegen umsichtig. Wenn Sie im Laufe des Telefonats Klärungsbedarf bei einem Dritten haben: Bedanken Sie sich, falls der Anrufer deshalb warten musste («Schön, dass Sie gewartet haben …»).

Nachverfolgen: Machen Sie sich sofort Notizen! Veranlassen Sie alles Notwendige. Reagieren Sie unverzüglich. Überwachen Sie die Ausführung. Halten Sie alle Versprechen ein. Und: Überraschen Sie den Kunden mit etwas Zusätzlichem, mit dem er so nicht gerechnet hat.

Senden Sie an alle potenziellen Rückkehrer, die auch nach mehrmaligen Anrufversuchen nicht erreichbar waren, einen Brief. Machen Sie darin ein passendes Come-back-Angebot oder bitten Sie den Kunden, zurückzurufen, damit er mehr über die attraktive Offerte erfährt, die Sie für ihn bereithalten.

Machen Sie über alle Vorgänge sofort einen Vermerk in der Datenbank. Nehmen Sie den Kunden während des gesamten Rückgewinnungsprozesses aus den Versandlisten für Standard-Mailings. Liefern Sie ihm keinerlei weiteren Gründe, die seine Abwanderungsentscheidung rechtfertigen.

4.3.5. Auf schriftlichem Weg

Bei größeren Kundenbeständen bieten sich schriftliche Rückhol-Aktionen an. Mal angenommen, eine Firma verliert in einem Jahr 1000 Kunden und damit zehn Prozent ihres Kundenstamms. Von den verlorenen Kunden können 500 identifiziert und per personifiziertem Mailing angesprochen werden. Dieses kostet zehn Euro pro Stück. Das macht insgesamt 5000 Euro. Von den Angeschriebenen gehen 20 Prozent auf das Angebot ein. Es konnten also 100 Kunden zurückgewonnen werden. Eine so hohe Response-Rate ist nicht ungewöhnlich, wenn die Rückgewinnungsaktion gut durchdacht ist.

Lassen Sie Ihren Reaktivierungsbrief nicht wie ein 08/15-Mailing aussehen. Finden Sie eine außergewöhnliche Form und außergewöhnliche Inhalte. Die Aufmachung sollte nicht werblich daherkommen, sondern individualisiert sein. In unseren Zeiten der Überflutung mit E-Mails ist ein sehr persönlich geschriebener Brief oder eine handschriftliche Postkarte schon fast wieder etwas Besonderes. Hierzu gehören zwei Aspekte: die Form und der Inhalt.

4.3.5.1. Die Form

Macht es eigentlich Spaß, Ihre Reaktivierungspost zu lesen? Sorgen Sie mit kurzen Sätzen und verständlichen Worten für Entspannung und angenehme Gefühle? Wecken Sie mit anschaulichen Bildern und ein wenig Humor die Neugier und das erneute Wohlwollen Ihrer Leser? Gehen Sie auf seinen «Fall» einfühlsam ein? Kann er das, was Sie ihm anbieten, überhaupt brauchen und wird er es haben wollen? Hat er das Gefühl, Sie schreiben ihm ganz persönlich? Oder nutzen Sie Standard-Textbausteine, die der geschulte Konsument heute problemlos als solche erkennt?

In Briefen neigen wir gerne dazu, uns behäbig und gestelzt auszudrücken. Machen Sie einmal eine Schreibstil-Inventur! Egal, ob Anschreiben, Angebot, Werbebrief, Rechnung, Mahnung, Kündigungsbestätigung oder Reaktivierungsschreiben: Überprüfen Sie Ihre komplette Korrespondenz, entrümpeln und entstauben Sie. Geben Sie all Ihren Briefen einen frischen, lebendigen, neuen Anstrich. Der Kommunikationsstil von heute ist weit lockerer als früher. Er verzichtet weitestgehend auf Floskeln («Hiermit bestätigen wir den Eingang Ihres Schreibens» – «Mit vorzüglicher Hochachtung») und lässt der Kreativität des Schreibers mehr Raum.

Sie bewirken nur etwas, wenn der Empfänger Sie versteht. Stellen Sie sich also zunächst die Person vor, der Sie schreiben wollen! Und wenn Ihnen diese nicht persönlich bekannt ist? Dann versuchen Sie, dem Empfänger ein Gesicht und einen Namen zu geben. Vielleicht kennen Sie ja jemanden, der so aussieht, sich so verhält, der solche Ansichten, Einstellungen und Wünsche hat. Ihre Nachbarin? Onkel Otto und Tante Janni? Ihr früherer Chef? Nutzen Sie Worte aus dem Sprachschatz Ihrer Zielgruppe – und der Empfänger fühlt sich verstanden. Nur, wer sich verstanden fühlt, kommt auch zurück.

Hier finden Sie eine Checkliste für wirkungsvolle Rückgewinnungsschreiben:

Das Ziel: Definieren Sie zunächst, am besten schriftlich, das Ziel Ihres Schreibens: Was wollen Sie ganz konkret damit erreichen? Und dann: Schreiben Sie nicht, reden Sie! Sagen Sie das, was Sie Ihrem Kunden Auge in Auge sagen würden, einem Diktiergerät. Danach ändern Sie nicht mehr viel. Schreiben Sie gesprochene Sprache – aber möglichst nur eine Seite. Lange Texte signalisieren: Arbeit!

Der erste Eindruck: Den ersten Eindruck macht Ihr Kuvert. Vergessen Sie Adress-Aufkleber. Solch ein Umschlag schreit laut: Billigste Werbepost! Achten Sie auf eine ansprechende grafische Gestaltung sowie auf erstklassige Papierqualität. Der gute oder schlechte Eindruck, den Ihr Brief vermittelt, fällt definitiv auf Ihr Unternehmen und Ihre Arbeit zurück.

Die Schrift: Wählen Sie eine einfache, klare, ausreichend große Schrift. Die sogenannten Serifen-Schriften, bei denen die Buchstaben – wie bei Times New Roman – unten kleine Füßchen haben, lesen sich am flüssigsten. Vermeiden Sie S p e r r u n g e n und Passagen in GROSSBUCHSTABEN – beides lässt sich nur schwer lesen und fühlt sich unangenehm an. Verwenden Sie dunkle Schrift auf hellem Grund. Und möglichst auch Farbe. Schreiben Sie am besten linksbündig im Flattersatz und nicht im Blocksatz. Nehmen Sie höchstens 75 Zeichen pro Zeile.

Die Schreibe: Schreiben Sie kurze, einfache Sätze mit maximal 14 Worten. Nur ein Gedanke pro Satz! Benutzen Sie einfache, kurze und anschauliche Worte, die Ihre Zielgruppe versteht. Kein Fachjargon! Schreiben Sie positiv. Verwenden Sie etwa statt Problem ein Wort wie Verbesserungspotenzial oder Ermutigung, dies deutet in eine optimistische Zukunft. Ja und bringen Sie auch einmal das Gewinnerwort «Ja» unter. Benützen Sie Verben und anschauliche, bildhafte Adjektive, die die Fantasie anregen. Meiden Sie Hilfsverben («Teile ich Ihnen gerne mit» statt «Möchte ich Ihnen mitteilen»). Verkneifen Sie sich Wortmonster (Reservierungsbestätigungsformular) und Substantive, die auf -ung, -heit oder -keit enden. («Wir sind froh, dass Sie uns so prompt informiert haben» statt «In Beantwortung Ihrer Reklamation vom …»). Und: Schreiben Sie fehlerfrei. Lassen Sie Ihre Briefe unbedingt noch einmal gegenlesen. Vier Augen sehen mehr als zwei.

Die Sie-Form: Keine Wir-Formulierungen (Wir bieten, unser Angebot, meine Mitarbeiter) verwenden, sie vermitteln Selbstverliebtheit statt Kundenfokussierung. Schreiben Sie stattdessen in der Sie-Form (Ihr Angebot, Ihr Ansprechpartner). Der eigene Name ist ein magischer Hingucker. Verwenden Sie daher den korrekten Namen des Angesprochenen möglichst dreimal: in der Anschrift, in der Begrüßungszeile und einmal, lieber Leser, mitten im Text. Und natürlich im Response-Element. Lassen Sie möglichst etwas Persönliches einfließen, damit es nicht nach Textbausteinen «riecht».

Die Gliederung: Gliedern Sie Ihren Text durch Aufzählungen, Zwischen-Überschriften und Absätze. Ein Absatz in einem Brief sollte maximal fünf Zeilen haben. Lassen Sie Raum. <u>Unterstreichen</u> Sie Wesentliches oder heben Sie es **fett** hervor. So geben Sie dem Auge Haltepunkte. Das Hervorgehobene sollte stichwortartig den Inhalt des gesamten Briefes wiedergeben.

Das weitere Vorgehen: Machen Sie Vorschläge für das weitere Vorgehen, fordern Sie den Leser zum zügigen Handeln auf: «Am besten senden Sie noch heute ...», «Ganz einfach bestellen Sie, indem Sie ...», «Am schnellsten geht's per Telefon ...». Schreiben Sie, wann und wie der Kunde Sie am besten erreichen kann. Nennen Sie einen Ansprechpartner mit Vor- und Zunamen sowie dessen Telefonnummer und E-Mail-Adresse. Legen Sie ein Bestellformular, einen Gutschein oder eine (vorfrankierte) Antwortkarte bei, damit das Aktivwerden so einfach wie möglich ist.

Wenn Sie dem Brief nachtelefonieren wollen: Dies sollten Sie spätestens drei Tage nach Posteingang tun. Schnelligkeit gewinnt. Versenden Sie daher immer nur so viele Briefe, wie Sie telefonisch nacharbeiten können.

4.3.5.2. Der Inhalt

Texten ist ein Prozess. Er beginnt mit einem weißen Blatt Papier, das auf den genialen Einfall wartet. Nun trifft uns der göttliche Funke ja bekanntlich nicht mitten bei der Arbeit – und auch meist nicht am Schreibtisch. Suchen Sie sich also einen kreativen Ort, verschaffen Sie sich Bewegung, tanken Sie Sauerstoff. Entspannen Sie sich und trinken Sie Wasser. Beginnen Sie mit einer Stoffsammlung von Stichworten.

Schreiben Sie dann zunächst den Brief ins Grobe. Verkürzen, verfeinern und verdichten Sie so lange, bis aus Sicht des Lesers betrachtet nur noch der für ihn relevante Nutzen drinsteht: konkret, knapp und appetitlich aufbereitet. Stellen Sie sich dabei wirklich vor, Onkel Otto diesen Brief zu schreiben. Sie sehen ihn förmlich vor sich, wie er seine Brille aufsetzt, das Kuvert öffnet, sich in den Inhalt vertieft, zu schmunzeln und unmerklich mit dem Kopf zu nicken beginnt: Weil Ihr Angebot für ihn attraktiv ist. Und weil er sich emotional und ganz persönlich angesprochen fühlt. So kehrt er schließlich zurück.

Ihr Rückgewinnungsbrief sollte nicht nur Aufmerksamkeit und Sympathie, sondern vor allem auch Begehrlichkeit auslösen. Das ist leicht gesagt, verlangt jedoch eine Menge Hirnschmalz.

Denn Ihre Botschaft befindet sich im Wettstreit mit unzähligen weiteren Informationen, die täglich auf uns einströmen.

Innerhalb von Sekunden entscheiden wir, ob es die Mühe lohnt, genau Ihren Brief zu öffnen und bis zu Ende zu lesen. Und nur auf begnadete Angebote werden wir mit einem JA reagieren. Vergegenwärtigen Sie sich zunächst die unausgesprochenen Fragen des Lesers:

- Wer schreibt mir?
- Warum ausgerechnet mir und warum gerade heute?
- Was habe ich davon, wenn ich das alles jetzt lese?
- Wie kann ich reagieren bzw. was soll ich als Nächstes tun?
- Werden alle Versprechen auch sicher eingehalten?

Jeder Brief ist ein kleines Verkaufsgespräch. Die darin enthaltenen Informationen müssen verstanden werden und sollen zu einem Dialog führen. Lesen setzt immer ein Kopfkino in Gang. Also: Wie können Sie sicherstellen, dass Ihr «Film», sprich die Botschaft in Ihrem Brief, ein Handeln bewirkt?

Lassen Sie den Brief, bevor er zur Post geht, von ein paar Leuten kritisch bewerten. Oder testen Sie zwei Versionen. Oder setzen Sie je nach limbischem Kundentyp verschiedene Versionen ein. Hiermit hat zum Beispiel der Pharmakonzern MSD Sharp & Dohme beste Erfahrungen gemacht.

In jedem Fall sollten vor Beginn der jeweiligen Rückgewinnungsaktion passende, nur noch zu individualisierende Musterbriefe erstellt werden, damit die Mitarbeiter im Bedarfsfall rasch darauf zugreifen können.

Eines noch: Informieren Sie alle Mitarbeiter mit Kundenkontakt, wenn Sie Rückgewinnungsmailings versenden. Banal? Es kommt regelmäßig vor, dass Kunden mit einem schriftlichen Angebot bei wem auch immer auftauchen und die armen Mitarbeiter haben noch nie etwas davon gehört. Und niemand weiß Bescheid. So bekommen Sie Ihre Ex-Kunden sicher nicht zurück.

4.3.6. Willkommen zurück

Sie haben es geschafft: Der Kunde kommt tatsächlich zurück. Zumindest hat er das vor. Aber er hat noch Fragen. Dazu ruft er an. Und nun das:

- Es ist besetzt – ständig.
- Langes Läuten, niemand nimmt den Hörer ab. Fünfmal Klingeln kommt dem Wartenden schon wie eine kleine Ewigkeit vor!
- Eine Endlos-Ansage vom Band bittet um Geduld oder den erneuten Anruf zu einem späteren Zeitpunkt.
- Der Anrufbeantworter weist auf die Einhaltung der Bürozeiten hin.
- Man wird in die Warteschleife gelegt und hat regelrecht das Gefühl, darin zu «verhungern». Das Gedudel ist eine Beleidigung fürs Ohr.
- Schließlich geht doch jemand dran: Lärm im Hintergrund, Stimmengewirr, Hektik, Stress. Und zu allem Übel noch eine Person, die sich nicht auszukennen scheint. Die den Hörer auf den Tisch legt, weil sie Rücksprache nehmen muss. Und Sie bekommen derweil ein paar kollegiale «Nettigkeiten» mit.

Kein guter Start für den Beginn einer zweiten, nun hoffentlich lang anhaltenden Freundschaft. Stellen Sie also im Zuge von Rückgewinnungsaktionen die erforderlichen Kapazitäten bereit.

Und: Gestalten Sie den Moment des Wiederkommens auf eine eindrückliche Weise. Halten Sie ein Come-back-Willkommensgeschenk parat. Nehmen Sie dabei nichts von der Stange, sondern gehen Sie individuell auf den Kunden ein. Lassen Sie Ihrer Kreativität freien Lauf. Suchen Sie nach dem Überraschenden, Verblüffenden, Außergewöhnlichen.

Und: Begleiten Sie den Kunden auf seinen ersten noch zögerlichen Schritten zurück. Bearbeiten Sie die ersten wieder eingehenden Aufträge mit besonderer Sorgfalt. Informieren Sie alle involvierten Stellen, dass es sich um einen Come-back-Kunden handelt. Damit alle ihr Bestes geben. Verlassen Sie sich nicht darauf, dass alles klappt, überwachen Sie das selbst. Stellen Sie sicher, dass alle Zusagen penibel eingehalten werden. Bestätigen Sie den Kunden in seinem Tun. Und danken Sie ihm.

Nicht vergessen: Feiern Sie Ihren Erfolg – mit dem Kunden, mit sich selbst und auch im Team. Beglückwünschen Sie sich gegenseitig! Loben Sie sich! Vor allem aber: Sprechen Sie darüber, *wie* Sie es gemacht haben. Damit alle etwas daraus lernen können.

Führen Sie Buch über Ihre persönlichen Erfolge. Legen Sie sich dazu ein Erfolgsbüchlein an. Gehen Sie am Ende jedes Reaktivierungsgesprächs in die so überaus wertvolle ehrliche Selbstreflexion:

- Wie war ich?
- Was hat den Erfolg bewirkt?
- Was hat nicht funktioniert?
- Was kann ich daraus lernen?
- Was will ich beim nächsten Mal besser machen?

Schreiben Sie alles Wichtige auf. Lesen Sie regelmäßig nach – insbesondere dann, wenn es wieder darum geht, Kunden zurückzugewinnen. Es gibt übrigens eine ganze Reihe von Gründen, sich ein Erfolgsbuch zuzulegen:

- Sie vergessen keine früheren Erfolge.
- Sie beschäftigen sich mit den Dingen, die optimierbar sind.
- Sie setzen sich selbst ein wenig unter Druck, weil Sie regelmäßig Einträge in Ihr Erfolgsbuch machen wollen.
- Sie schöpfen Kraft aus dem Niedergeschriebenen vor neuen großen Herausforderungen.

4.3.7. Den Abschied versüßen

Selbst bei allem Bemühen wird es Ihnen nicht gelingen, jeden Kunden zurückzugewinnen. Reagieren Sie nicht angesäuert! Bleiben Sie vielmehr in guter Erinnerung. Bereiten Sie diesen Kunden einen schönen Abschied. Die Amerikaner nennen das einen «Beautiful Exit». Schnüren Sie also ein angemessenes, individuelles Auf-Wiedersehen-Paket. Dabei können Sie etwa anfragen, ob Ihr Ex-Kunde auch weiterhin Ihren Newsletter oder Ihre Kundenzeitschrift beziehen möchte. Oder Sie senden ihm ein kleines Erinnerungsgeschenk. Hierbei schlagen Sie zwei Fliegen mit einer Klappe:

1. Der Ex hat allen Grund, positiv über Sie zu sprechen. Vielleicht hatte Ihre Leistung ja Mängel, aber die Art und Weise, wie Sie sich verabschiedet haben, die hatte Stil.
2. Sie bleiben in guter Erinnerung und halten die Türe ein wenig offen für eine spätere Rückkehr bzw. einen zweiten Wiedergewinnungsversuch.

Lassen Sie also eine Brücke stehen! Es ist schon vorgekommen, dass solch rührendes Bemühen noch Kunden zurückgelockt hat, die zunächst nicht rückkehrbereit waren.

Auch endgültig verlorene Kunden haben Ihren Dank verdient. Wenn Sie alles richtig gemacht haben, haben Sie ja einige Informationen darüber erhalten, was Sie in Zukunft besser machen können. Sie haben erfahren, was den Wettbewerber so anziehend macht, weshalb Ihr Ex-Kunde ihn so faszinierend findet, was der besser kann als Sie. Und Sie wissen nun mehr darüber, was im Reaktivierungsmanagement funktioniert und was nicht.

5. Erfolgskontrolle und Optimierung

Würden Sie einen ehemaligen Kunden, der mit einem Neukunden-Akquiseprospekt in der Hand von selbst zurückkommt, als zurückgewonnen zählen? Sie sehen, auch die Erfolgskontrolle hat ihre Tücken. Deshalb wollen wir folgende Definition einführen (nach Bernd Stauss):

> Als zurückgewonnen gilt, wer die Geschäftsbeziehung wieder aufnimmt, indem er seine Kündigung widerruft und/oder innerhalb eines festgelegten Zeitraums wieder Transaktionen im üblicherweise zu erwartenden Umfang durchführt.

Wer sich über jeden Kunden freut, den er gewinnt, für den ist diese Definition wahrscheinlich irrelevant. Wer dagegen seine Erfolge messen will oder gar die Kunden-Reaktivierung bonifiziert, sollte sich mit den folgenden Seiten näher beschäftigen.

Denn ganz klar: Rückgewinnungsmanagement muss sich rechnen und einen Beitrag zu den ökonomischen sowie ideellen Unternehmenszielen leisten. Es kommt also nicht nur darauf an, dass am Ende der Aktion ein Mehrertrag in der Kasse ist, sondern auch, dass das Unternehmen seinen Ruf am Markt weiter verbessern konnte.

So sollte also überprüft werden, ob die Ziele, die Sie sich eingangs gesetzt haben, auch erreicht wurden. Aber übertreiben Sie nicht! Kundenrückgewinnung ist eine Sache für Menschenversteher – und nicht für Kostenrechner. Wirklich? Heißt es nicht: «Nur was man messen kann, kann man auch steuern»? Stimmt, doch diese viel zitierte Managerweisheit hat auch ihre Tücken. Sie bringt die zahlengläubige Führungsspitze dazu, zu viel zu kontrollieren – und dann womöglich auch noch das falsche. Liebe Manager-Elite: Zahlen, Daten, Studien und Statistiken sind zwar ein prima Rechtfertigungsprogramm, doch sie können gewaltig täuschen – und das oft auf eine sehr hinterhältige Art und Weise.

Technokraten verstecken sich gern hinter Zahlenbergen, weil sie im zwischenmenschlichen Bereich Nullkönner sind. Insbesondere dann, wenn der Erfolg auf sich warten lässt, müssen neue Verfahren, andere Messinstrumente und weitere Steuerungsmethoden her. Solches Vorgehen gibt linkshemisphärisch orientierten Hirnen Sicherheit und macht sich gut in Powerpoint-Präsentationen beim Vorstand. Der Bekanntheitsgrad der Marke und ihr Marktanteil sinken? Eine mittlere Katastrophe! Wie man verlorene Kunden zurückgewinnt? Keine Ahnung! Und wie die Mitarbeiter mit der ganzen Kontrollitis zurechtkommen? Egal!

Administration ist Kontrolle nach «unten» und Rückversicherung nach «oben». Die Außenposten vertriebsgesteuerter internationaler Konzerne im Handel und in der Hotellerie sind bereits zu mehr als zwei Drittel ihrer Zeit mit Budgeting und Berichterstattung beschäftigt. Verkäufer, so stellen einschlägige Untersuchungen (von Mercer, Proudfood u. a.) immer wieder fest, verbringen im Schnitt höchstens noch 20 Prozent ihrer Zeit beim Kunden – Tendenz sinkend. Krankenhausärzte verwenden über 50 Prozent ihrer Zeit mit administrativen Aufgaben, anstatt ihrer Berufung, dem Heilen von Menschen, zu folgen. «Vor lauter Administration», sagte mir kürzlich ein Pfarrer, «fehlt mir fast völlig die Zeit für Seelsorge, also den Dienst an meinen Kunden».

Kontrolle kostet. Und zwar nicht nur Zeit und Geld, sondern vor allem Mitarbeitermotivation. Wer sich in bürokratischen Prozessen verstrickt und in Administration erstickt, wird schnell entmutigt aufgeben und nur noch das Geforderte tun. Und wer herumkommandiert oder ständig überwacht wird, verkrampft sich ängstlich. Die Folge: Man fühlt sich eingeschüchtert und irgendwie klein gemacht. Und das können wir bei der Reaktivierung ehemaliger Kunden nun wirklich nicht brauchen.

Also: Entbürokratisieren Sie sich, verzichten Sie auf langwierige Reportings und hinderliche Überwachungsprozesse. Das macht Sie schnell und wendig. Der Markt wartet jedenfalls nicht, bis sich bei Ihnen alles in Reih und Glied aufgestellt hat. Bürokratie züchtet uninspirierte, angepasste, stromlinienförmige Mitarbeiter, die sich wie die berühmten russischen Puppen lieber im Verborgenen halten. Somit fehlt es hinten und vorne an neuen, frischen Ideen, die gerade bei der Kundenrückgewinnung und anschließenden Reloyalisierung so dringend gebraucht werden.

In unserem bereits eingangs vorgestellten Rückgewinnungsprozess wird die Kontroll-Funktion vornehmlich von den systematisch zu Kommentaren ermunterten ehemaligen bzw. zurückkehrenden Kunden übernommen. So erhalten die Mitarbeiter unmittelbares Feedback über ihre Leistung und die Möglichkeit zur Selbstkontrolle. Dies reduziert den Controlling-Aufwand des Managements auf ein Minimum – und motiviert.

Abb. 10: Der Prozess des Kundenrückgewinnungsmanagements. Die Erfolgskontrolle der durchgeführten Maßnahmen führt zu Optimierungsaktivitäten in den vorangegangenen Schritten. Alle Erkenntnisse aus diesem Prozess führen zu präventiven Maßnahmen, um zukünftige Kundenabwanderungen zu minimieren.

Die Optimierung aller Aktivitäten ergibt sich dabei fast wie von selbst. Denn die Meinung der Kunden fließt über konkrete mündliche oder schriftliche Äußerungen zurück (siehe Rückkopplungspfeile) und kann sofort in die Planung und Umsetzung weiterer kundenerhaltender Maßnahmen umgesetzt werden.

Die Verlustursachen können immer besser spezifiziert und schließlich nahezu völlig eliminiert werden. Und die Tools zur Identifikation der verlorenen Kunden lassen sich zunehmend verfeinern. So führt der Managementprozess der Kundenrückgewinnung dazu, dass das gesamte Unternehmen zur lernenden Organisation in Sachen Prävention verlorener Kunden wird.

«Bei uns war es so», erzählt mir der Geschäftsführer eines Verbandes für technische Berufe, «dass Mitglieder, die gekündigt hatten, so gut wie nie zurückzuholen waren. Sie haben zwar den Rückkehr-Bonus mitgenommen und blieben dennoch weg. Ihre Entscheidung war, wenn einmal getroffen, fast immer endgültig. Dies haben wir zusammen mit zwei unabhängig voneinander agierenden Marktforschungsinstituten getestet. Wir haben allerdings auch herausgefunden, dass die meisten Mitglieder kündigten, weil die Leistungen des Verbandes nicht transparent waren und weil wir nicht individuell genug auf die spezifischen Interessen der einzelnen Mitglieder-Gruppen eingingen. Nun haben wir den Gesamtkatalog unserer Leistungen nach Zielgruppen geclustert und im Rahmen eines 15-Punkte-Programms für diese überschaubar gemacht. Die Kündigungen sind in der Folge deutlich zurückgegangen.»

5.1. Ergebnisse und Erfolgsquoten ermitteln

Kontrolle also ja, aber so wenig wie nötig. Ein paar Kennzahlen machen durchaus Sinn, denn sie bewerten die Rentabilität der durchgeführten Rückgewinnungsprogramme.

Die Ursachenübersicht: Hierzu lassen sich Berichte erstellen, die die Abwanderungs- bzw. Kündigungsgründe mengenmäßig erfassen und optisch aufbereiten. Den einzelnen Gründen kann der entgangene Umsatz bzw. Deckungsbeitrag zugeordnet werden. Auch die Kosten, die für die jeweilige Fehlerbehebung, Nachbesserung, Ersatzlieferung, Wiedergutmachung usw. anfielen, können entsprechend zugeordnet werden. So entsteht eine Prioritätenliste für die anschließenden Präventiv-Maßnahmen.

Die Rückgewinnungsrate: Das ist die Anzahl der wiedergewonnenen Kunden, geteilt durch die Anzahl der kontaktierten Kunden. Wer die Eingabe in Datenbanken scheut: Hier reicht bereits eine einfache Strichliste. Optisch ansprechend aufbereitete Unterlagen machen mehr her als Excel-Tabellen, vor allem, wenn es gilt, die Geschäftsleitung vom unternehmerischen Nutzen der Aktion zu überzeugen.

Die Veränderung der Verweildauer: Das ist die frühere durchschnittliche Verweildauer der Kunden im Verhältnis zur neuen durchschnittlichen Verweildauer. Dies lässt sich nach verschiedenen Kriterien (Branche, Alter, Geschlecht, Berufsgruppe o. ä.) weiter spezifizieren. Jede Verbesserung wirkt sich positiv auf die Erträge aus. Kunden werden in vielen Branchen ja erst im Laufe der Zeit, und zwar von Jahr zu Jahr, immer wertvoller. Bei Versicherungen und Kreditkarten-Instituten zum Beispiel übersteigen die Kunden-Gewinnungskosten die Erträge der ersten zwei bis drei Jahre.

Die Veränderung der Kundenfluktuation: Das ist die Fluktuationsrate 1 (vor Beginn der Aktivitäten), verglichen mit der Fluktuationsrate 2 (danach, zu einem festgelegten Zeitpunkt errechnet). Wenn beispielsweise eine Firma pro Jahr im Durchschnitt 25 Prozent ihrer Kunden verliert, heißt das, dass die Kunden im Durchschnitt vier Jahre bleiben, sich also der komplette Kundenstamm alle vier Jahre erneuert. Diese Zahlen lassen sich für einzelne Kundengruppen, für den Gesamtbetrieb, für einzelne Bereiche oder bei Filialisten für die einzelnen Niederlassungen ermitteln und vergleichen.

Die Veränderung des Kundenwerts: Das ist der frühere Kundenwert im Vergleich zum zukünftigen Kundenwert. Dieser setzt sich aus dem «Lifetime Value» und dem «Recommendation Value» zusammen. Der «Lifetime Value» ist, vereinfacht ausgedrückt, der kumulierte zukünftige Ertrag plus Kosteneinsparungen. Hinzugerechnet werden sollte der Referenzwert oder «Recommendation Value» eines Kunden, das heißt, in welchem Maße es gelingt, durch seine Empfehlungen neue Kunden zu gewinnen.

Der Rückgewinnungsgewinn (oder wie man so schön englisch sagt: Return on Customer Recovery): Das sind die Rückgewinnungskosten im Verhältnis zum Rückgewinnungsertrag. Dabei muss der Anteil der erfolgreichen Rückgewinnung die Fehlschläge mitfinanzieren. Im Rückgewinnungsertrag soll nicht nur der zurückgewonnene Umsatz berücksichtigt werden, vielmehr sollen auch ideelle Werte wie Imagezugewinn, positive Mundpropaganda, Lerngewinne etc. mit einbezogen sein.

Die Nachkalkulation der Rückgewinnungskosten: Das sind budgetierte Kosten zu tatsächlichen Kosten. Was hierbei manchmal vergessen wird: Das entscheidende Ziel ist nicht, sein Budget einzuhalten, sondern die maximal möglichen Ergebnisse zu erzielen. Sollten die budgetierten Gelder dafür nicht reichen, muss eben nachbudgetiert werden. Und wenn sich herausstellt, dass die Ergebnisse aus der Rückgewinnung deutlich besser sind als die aus der Neukunden-Akquise, sind die Budgets logischerweise umzuschichten.

Die Abwanderungsbewegungen: Hierbei wird aufgezeichnet, zu welchen Marktbegleitern die Kündiger abgewandert sind und welche jeweiligen Wechselgründe dazu angegeben wurden. Ebenso kann erfasst werden, welche Kunden man weshalb vom Wettbewerber (zurück)gewonnen hat. So lassen sich Umverteilungsströme darstellen und nützliche Erkenntnisse gewinnen. Gerade Mitarbeiter im Rückgewinnungsmanagement verfügen aufgrund ihrer sehr tief gehenden Kundengespräche über exzellente Wettbewerbskenntnisse. Dies kann für die interne Marktforschung, für das Quality Management und die Produktentwicklungsabteilung sehr hilfreich sein.

Die Beschäftigung mit all diesen Daten bringt Sie mächtig weiter. So können verschiedene Aktionen miteinander verglichen werden. Die Wirksamkeit unterschiedlicher Rückgewinnungsangebote lässt sich überprüfen. Es kann erfasst werden, bei welchen Kundengruppen welche Rückholmaßnahmen anschlagen. Ferner sehen Sie, wie ein mehr oder weniger gutes Timing die Ergebnisse beeinflusst. Und sie erkennen, welche Betreuer ein besonderes Talent in Sachen Reaktivierung haben.

Vor allem aber haben Sie nun endlich das notwendige Zahlenmaterial, um zu sagen: Ja, auch bei uns ist das Halten bestehender Kunden und die Rückgewinnung verlorener Kunden attraktiver als die aufwändige Jagd nach Neugeschäft. Und damit gehören Sie zur Elite in Sachen Kundenfokussierung. Eine internationale Umfrage der Strativity Group unter Führungskräften, durchgeführt im Jahr 2006, ergab:

91,4 % wissen nicht, was es kostet, einen neuen Kunden zu gewinnen.

90,3 % kennen die Kosten einer Kundenbeschwerde nicht.

87,1 % wissen nicht, wie hoch der jährliche Wert ihrer Kunden ist.

73,8 % kennen ihre jährliche Kundenbindungsquote nicht.

5.2. Die zurückgewonnenen Kunden nachbetreuen

Unternehmen leben vom Vertrauen ihrer Mitarbeiter und Kunden. Wer deren Vertrauen auf Dauer verspielt, kann das Rennen um die Siegerplätze der Zukunft nicht schaffen. Also gilt es, verlorenes Vertrauen wieder aufzubauen und seine zweite Chance sinnvoll zu nutzen. Das Come-back der Kunden sollte ein endgültiges sein.

5.2.1. Vertrauen wieder aufbauen

Vertrauen ist ein zartes Pflänzchen: Es braucht lange zum Wachsen und ist in Sekunden zerstört. Der Vertrauensbildungsprozess setzt sich aus vielen kleinen Mosaiksteinen zusammen. Er braucht Offenheit, Ehrlichkeit, Kompetenz, Transparenz und eingehaltene Versprechen. Ohne Verlässlichkeit kein Vertrauen. Mangelnde Transparenz schürt Misstrauen. Wo die Zeit nicht reicht oder das Wissen fehlt, um eine Sache zu durchleuchten, ist Vertrauen der beste Kitt. Und dort, wo wir von Fremden auf dem globalen Marktplatz Internet kaufen, gibt es nur eine Chance: Vertrauen.

Vertrauen entsteht durch Vertrautheit und regelmäßige Interaktion. Der Vertrauenskiller Nummer eins heißt demnach: hohe Mitarbeiterfluktuation und ständig wechselnde Ansprechpartner. Vertrautheit kann nicht aufgebaut werden, wenn bei jedem Besuch ein neuer Mensch auftaucht und am Telefon alle paar Wochen eine andere Stimme zu hören ist. Getrübtes Vertrauen schürt Zweifel und führt schließlich zu Misstrauen. Je größer das Anfangsvertrauen, umso feindseliger reagiert, wer sich getäuscht und betrogen fühlt. Ein Vertrauensmissbrauch tut weh.

Das Vertrauen Ihres zurückgewonnenen Kunden war womöglich zerstört – nun muss es neu aufgebaut werden. Also, er ist bereit für die zweite Chance. Damit hat er sein Misstrauen, also die Angst vor der eigenen Verwundbarkeit besiegt. Mit Argusaugen wird er Sie nun beobachten, immer auf dem Sprung, um nicht erneut verletzt zu werden: Ist dieses Mal auf den Anbieter Verlass? Wird er seine Zusagen nun einhalten? Wird er uns übervorteilen wollen? Mal sehen … Das Vertrauen ist auf dem Prüfstand. Eine Teilzusage, eine erste Bestellung, ein Probelauf, eine kurzzeitige Vertragsverlängerung, mehr ist womöglich am Anfang nicht drin.

Leiten Sie vertrauensbildende Maßnahmen ein. Überlassen Sie nichts dem Zufall. Verfolgen Sie die weiteren Ereignisse hautnah. Bleiben Sie in Rufweite des Kunden. Bieten Sie sich als Ansprechpartner für alle Belange an. Warten Sie nicht, bis sich wieder Unzu-friedenheiten einstellen. Agieren Sie proaktiv. Vertrauen ist der Glaube an den positiven Ausgang der Dinge. Deshalb muss im zweiten Anlauf wirklich alles klappen. Wird der Kunde erneut ent-täuscht, ist er für immer verloren. Eine dritte Chance gibt es nicht.

5.2.2. Fokussierende Fragen stellen

Durch fokussierende Fragen lässt sich gezielt herausfinden, ob alles wieder okay ist oder ob noch weitere Nachbesserungen nötig sind. Sie eignen sich vor allem immer dann, wenn wenig Zeit für ein ausführliches Gespräch ist – und wer hat heute noch Zeit? Sie ma-chen schnell und flexibel. Sie helfen, geradewegs den Kern der Sa-che zu treffen, um danach prompt reagieren zu können. Mithilfe fokussierender Fragen werden Ihnen die erfolgskritischen Kun-denwünsche auf dem Silbertablett serviert. Sie sparen eine Menge Kosten für klassische Marktforschung und vermeiden Fehlent-scheidungen am grünen Tisch.

Gegen Ende des Betreuungsgesprächs kann – sofern der Kunde keinen Zeitdruck signalisiert – beispielsweise immer *eine* der fol-genden Fragen gestellt werden. Sie wird am besten eingeleitet mit: Ach übrigens …

- Welche zusätzliche Leistung wäre für Sie noch ganz besonders hilfreich? Und wären Sie bereit, dafür Geld auszugeben?
- Wenn es eine Sache gibt, die Sie bei uns inzwischen voll und ganz überzeugt, was ist dann das Wichtigste für Sie?
- Wenn es eine Sache gibt, die Sie bei uns immer noch stört, was ist dann das Störendste für Sie?
- Was gibt es noch, das wir für Sie schnellstmöglich ändern bzw. verbessern sollten?
- Auf was möchten Sie bei uns am wenigsten verzichten?

Nach solchen Fragen machen Sie unbedingt eine Pause. Lassen Sie Ihrem Gesprächspartner Zeit, in seinem Kopf Klarheit zu schaffen und seine Antwort zu formulieren. Beantworten Sie Ihre Frage auch dann nicht selbst, wenn das etwas dauert. Hören Sie wohlwollend hin und wertschätzen Sie die Offenheit Ihrer Kunden. Und verändern Sie was. Wer sich daran gewöhnt, fokussierende Fragen zu stellen, macht seine Kunden zu Innovationstreibern des Unternehmens.

So etwas kann man *Ihre* Kunden nicht fragen? Ihnen stockt schon der Atem beim bloßen Drandenken? Dann beschäftigen Sie sich doch noch einmal mit dem Kapitel «Die Angst vor dem Nein». Sie könnte so manche höchst zielführende Come-back-Aktion behindern. Rückgewinnungsgespräche erfordern persönlichen Mut, auch die unangenehmen Dinge zu konfrontieren.

5.2.3. Einen Fragebogen versenden

Die Zufriedenheit mit der Rückgewinnungsaktion kann auch durch eine schriftliche Befragung ermittelt werden. Dies lässt sich selber machen oder mithilfe eines spezialisierten Institutes erledigen. Einen Vorschlag für einen Fragebogen finden Sie auf der nächsten Seite. Entwickeln Sie die Fragen, die für Sie von Bedeutung sind, gemeinsam mit den zuständigen Mitarbeitern. Stellen Sie wenige Fragen und fassen Sie sich kurz. Lassen Sie genügend Raum für individuelle Bemerkungen des Kunden. Überprüfen Sie im Rahmen eines Pre-Tests, ob die Zielpersonen die Fragen auch wirklich verstehen.

Beachten Sie ferner Folgendes: Der Kunde soll nicht nur die verschiedenen Kriterien auf einer Vierer-Skala bewerten, er soll vor allem auch sagen, wie wichtig ihm diese Kriterien sind. Denn erst wenn die Verbesserung eines Punktes *dem Kunden* wichtig ist, lohnt es sich, Ressourcen dafür bereit zu stellen.

Beispiel für einen Fragebogen zur schriftlichen Erfolgskontrolle einer Rückgewinnungsaktion

Hier sind unsere Fragen an Sie. Bitte kreuzen Sie das für Sie Zutreffende in den nebenstehenden Spalten an. Herzlichen Dank.	Trifft voll und ganz zu	Trifft mehr oder weniger zu	Trifft eher nicht zu	Trifft überhaupt nicht zu	Ist mir wichtig	Ist mir nicht wichtig
Das Unternehmen hat gut auf meine Kündigung reagiert.						
Der Mitarbeiter war freundlich.						
Der Mitarbeiter hat mein Anliegen verstanden.						
Sein Einfühlungsvermögen war hoch.						
Der Mitarbeiter hat sich um eine Lösung bemüht.						
Die gefundene Lösung war gut.						
Der Mitarbeiter war über das Leistungsspektrum des Unternehmens gut informiert.						
Seine Entscheidungskompetenz erschien mir hoch.						
Er war für meine Anregungen offen.						
Ich werde weiterhin mit dem Unternehmen zusammenarbeiten.						

Raum für weitere Hinweise und Anregungen:

Die ausgefüllten Fragebögen sind EDV-gestützt auszuwerten, die Ergebnisse aufzubereiten und die notwendigen Schritte abzuleiten. Das hört sich auf dem Papier leichter an, als es in Wirklichkeit ist. Hinter jedem Fragebogen steckt ja ein Mensch und sein Einzelschicksal. Also ist vor allem auf die individuellen Kommentare zu achten. Sie beinhalten wertvolles Futter für den weiteren Handlungsbedarf. Bilden Sie dabei Prioritäten. «Die wichtigsten 169 Maßnahmen zur Prävention von Kundenverlusten» schaffen nur Verwirrung und verpuffen in ihrer Wirkung.

Die Skalenwerte sind insofern hilfreich, als sie Tendenzen angeben, die sich bei regelmäßigen Untersuchungen bzw. im Abteilungsvergleich in die eine oder andere Richtung bewegen. Aber Achtung: Gute Skalenwerte bergen die Gefahr der Lethargie: Man ruht sich auf seinen Lorbeeren aus anstatt weiter nach punktuellen Optimierungsmöglichkeiten zu suchen.

Bedanken Sie sich bei den Kunden, die an der Befragung teilgenommen haben und informieren Sie sie, was daraufhin geschehen ist. Denn es ist höchst enttäuschend, Zeit für nichts zu investieren. Sollte es bei den Rückkehrern immer noch Missstimmungen geben, muss sichergestellt werden, dass diese Restunzufriedenheit gemeinsam mit ihnen bearbeitet wird.

5.3. Das Rückgewinnungswissen managen

Egal, ob die Maßnahmen zur Rückeroberung ehemaliger Kunden erfolgreich waren oder nicht: Das Unternehmen kann eine Menge daraus lernen. Denn der Hergang der Ereignisse sowie die Absprunggründe, die die Kunden genannt haben, sind ein wertvoller Schatz. Sammeln, sichten und kategorisieren Sie dies, bilden Sie Schwerpunkte und machen Sie sich an die Behebung der Schwachstellen.

Im Einzelnen geht es um:

- Maßnahmen zur zukünftigen Fehler-Vermeidung
- Verbesserungsprogramme (Produkte und Services)
- Verfügbarkeit des Wissens (Informationssystem)
- Erkennen gefährdeter Kunden (Frühwarnsystem)

Über viele dieser Aspekte haben wir im Laufe des Buchs bereits gesprochen. Deshalb hier nur noch einige ergänzende Hinweise.

5.3.1. Toll, ein Fehler ist passiert!

Fehler verursachen dreifache Kosten: für die Leistungserstellung, für die Mängelregulierung und solche, die aus der Abwanderung enttäuschter Kunden entstehen. Deshalb heißt es, unternehmensweit eine positive Aus-Fehlern-lernen-Kultur zu entwickeln. Das bedeutet, nicht nur Missstände und Pannen schnellstmöglich zu beheben, sondern auch, gemeinsam zu besprechen, wie solche Rückschläge in Zukunft vermieden werden können. Fehler sind demnach willkommene Lernchancen. Und sie sind etwas ganz anderes als Nachlässigkeit und pure Schlamperei.

Ist ein Fehler geschehen, fragt man nach der Ursache: *Wie* ist das passiert? *Wer* den Fehler verursacht hat, ist dabei egal. Denn Lernen ist nur in einer angstfreien Atmosphäre möglich. Da, wo Fehler wie Todsünden geahndet und an den Pranger gestellt werden, da wird viel Energie verbraucht, um Fehler zu verbergen, sie schönzureden und nach Schuldigen statt nach Lösungen zu suchen. Und die gleichen Fehler passieren immer wieder.

Fehler dürfen nicht nur, sie müssen sogar sein. Im Tennis sind zwei Aufschläge, im Weitsprung sechs Versuche erlaubt. Nur wer an seine Grenzen geht, kann die Messlatte immer noch ein wenig höher legen. Wer aus Angst vor Fehlern gar nichts wagt, begeht den größten Fehler. Und nur, wo nichts passiert, passieren garantiert auch keine Fehler. Jeder Fehler ist eine wertvolle Investition. Je eher er passiert bzw. je früher man ihn aufdeckt, umso besser.

Fehler hingegen, die vertuscht und unter den Teppich gekehrt werden, können verheerende Auswirkungen auf Kundenabwanderungen haben.

Es geht also darum, Fehler schnell zu erkennen und die Ursachen der Kundenunzufriedenheiten schnell aus der Welt zu schaffen. Am besten machen Sie das mit den involvierten Mitarbeitern und den betroffenen Abteilungen gemeinsam. In dem Bewusstsein, dass Fehler Herausforderungen sind, werden alle experimentierfreudig auf die Suche nach besseren Lösungen gehen. Die Angst vor Fehlern schwindet, die Arbeitsfreude steigt und die Fehlerrate sinkt. Das kann sich sehr, sehr positiv auf Ihre Kosten auswirken!

Allerdings: Einen Fehler zu machen bedeutet, sich schwach zu fühlen. Stresshormone beginnen, ihr Unwesen zu treiben. Versagensängste stellen sich ein. Fehler zuzugeben ist vielen sehr peinlich. Deshalb müssen Vorgesetzte sich aneignen, einfühlsam und konstruktiv mit Fehlern umzugehen. Dabei ist zunächst die eigene Haltung im Hinblick auf Fehler zu überprüfen. Sind Sie ein Erfolgssucher – oder ein Misserfolgsvermeider?

Begegnen Sie jedem Fehler mit Neugierde und Interesse? Ist er Ausgangspunkt für die Suche nach besseren Lösungen? Oder sind Fehler für Sie das Ende der Welt? Betrachten Sie womöglich all das als Fehler, was Sie selbst anders gemacht hätten? Oder sind Fehler gar eine willkommene Gelegenheit, die Mitarbeiter mal wieder so richtig abzukanzeln («Das ist ja wieder typisch! Wenn ich schon sehe, wie Sie …»)? Abkanzeln heißt im Klartext: Solche Führungskräfte können sich selbst nur groß fühlen, indem sie andere klein machen. Nur: Von kleinen Würstchen werden sie keine großen Jobs bekommen.

Haben Sie Mut zur Unvollkommenheit! Wie heißt es so schön: Umwege erhöhen die Ortskenntnisse. Und: Wer sich nie verirrt, findet auch keine neuen Wege. Die meisten Mitarbeiter, so höre ich immer wieder in meinen Workshops, wollen auf Fehler angesprochen werden, und zwar auf eine sachliche Art und Weise, also nicht herabsetzend, vorwurfsvoll, anklagend. Wer sich für einen Fehler rechtfertigen muss, entmündigt sich. Und wer lächerlich gemacht wird, entwickelt Hass und sinnt auf Rache. Oder er geht frontal zum Gegenangriff über. Alles nicht sehr brauchbar im Kundenrückgewinnungsmanagement.

Bei Ritz-Carlton sind die Mitarbeiter stolz darauf, Fehler zu machen. Nummer acht der zwanzig Grundsätze der vielfach prämierten Nobelhotelmarke besagt: «Es ist die Aufgabe eines jeden Mitarbeiters, kontinuierlich Fehler im gesamten Hotel aufzudecken.» Es geht also um das Fehlerfinden, nicht um das Fehlersuchen. Das ist ein großer Unterschied. Jeden Mittag findet dort ein Meeting statt, in dem unter anderem etwaige Fehler thematisiert werden. Wenn nötig, gibt es sofort ein Minitraining, um diese Fehler in Zukunft zu eliminieren.

Nun können Sie ein mehr oder weniger komplexes Fehlermanagement-System entwickeln, was viele große Unternehmen ja auch tun. Oder Sie machen sich die Sache ganz einfach und lassen in jeder Abteilung eine A-Z-Übersicht der häufig auftretenden Fehler nach unten stehendem Muster erstellen. Eine solche Liste ist jedem zugänglich und sie wird ständig aktualisiert. Dann macht jeder Mitarbeiter diesen Fehler (hoffentlich) nur noch einmal. Und Lösungen müssen nicht immer wieder neu gesucht werden. Neue Mitarbeiter erhalten die Übersicht bereits im Rahmen ihrer Einarbeitung, so dass viele Fehler gar nicht erst passieren. Denn einmal ist manchmal schon einmal zu viel.

Fehler, Problem	wann passiert	Lösung, Maßnahme	von wem erledigt	Kosten

5.3.2. Von den Besten lernen

Wissen ist nur dann von Nutzen, wenn es weitergegeben, angewandt, verfeinert und somit vergrößert wird. Und bekanntlich verdoppelt es sich, wenn man es teilt. Das Erfolgswissen aus dem Rückgewinnungsmanagement ist ein unerschöpfliches Reservoir für die kundenfokussierte Weiterentwicklung des Unternehmens. Es muss allen Mitarbeitern im Unternehmen zugänglich sein. Hierzu eignet sich am besten das Intranet. Richten Sie eine Rubrik ein, in die sowohl die positiven als auch die negativen Geschehnisse eingestellt werden können. Lassen Sie in internen Online-Foren lebhaft darüber diskutieren. Belobigen Sie den «Fehler des Monats».

Über erfolgreich verlaufene Fälle soll auch im Rahmen von Meetings offen gesprochen werden. Leider, so zeigen meine Erfahrungen, interessieren sich die wenigsten Mitarbeiter dafür, wie die besten Kollegen es anstellen, erfolgreich zu sein. Es ist eine Mischung aus Stolz und Neid, die sie daran hindert, aktiv nachzufragen. Und die «alten Hasen» haben es in ihrer Selbstherrlichkeit (oder aus Angst vor Veränderung) nicht nötig, sich etwas bei einem «Grünschnabel» abzuschauen. Eine Führungskraft braucht viel Fingerspitzengefühl, um diese ach so menschlichen Bremsen zu lösen.

5.4. Ein Frühwarnsystem einrichten

Lassen Sie es in Zukunft nicht mehr bis zum Kundenverlust kommen! Entwickeln Sie ein Kundenverlust-Frühwarnsystem, um die Stabilität Ihrer Kundenbeziehungen permanent zu überwachen! Wie warnt Sie Ihre Datenbank, wenn die Kunden wegzulaufen drohen? An welchen Signalen erkennen Sie, wer auf dem Absprung ist? Wie merken Sie zuverlässig, dass ein Kunde seit Monaten keinen einzigen Kauf mehr getätigt hat? Wo sind bei Ihnen die Knackpunkte?

Ein guter Kunde wechselt, wie wir ja schon sahen, nicht einfach so. Er gibt seinem Anbieter meist die Gelegenheit, ein aufgetretenes Problem in Ordnung zu bringen. Wie erkennen Sie die mitunter zaghaften Versuche, etwaige Unzufriedenheit zu äußern? Auch hinter einer Warenrücksendung kann sich beispielsweise eine Warnung verstecken. Wie gehen Sie solchen Signalen systematisch nach?

Kreditkarten-Unternehmen und Brokerfirmen beobachten beispielsweise die Umsätze ihrer Kunden. Diese gehen im Allgemeinen zunächst zurück, bevor der Kunde ganz verloren ist. Fallen die Salden schließlich unter ein gewisses Niveau, gibt es Alarm. Haben die Kunden ihr Konto erst einmal geschlossen, ist die Entscheidung meist endgültig.

Um Ihr eigenes Frühwarnsystem aufzubauen, müssen Kenngrößen festgelegt werden, die Hinweise darauf liefern, wann der Kunde ein Ex-Kunde ist oder droht, ein solcher zu werden. Beispiele hierfür sind: sein Wiederkauf-Verhalten, die Anzahl und Form der Reklamationen, die vergangene Zeit seit dem letzten Kontakt, ein Rückgang der Bestellmengen, Teilkündigungen, nicht realisierte angekündigte Umsätze u. v. a. mehr. Ein Ranking kann den Grad der Gefährdung anzeigen, das heißt die Wahrscheinlichkeit, mit der der beobachtete Kunde geht. Auf der Basis von Reports und Auswertungen lassen sich dann unverzüglich die notwendigen Maßnahmen ergreifen. Damit eine Eskalation vermieden wird.

Gute Kundeninformationssysteme stellen dazu einen sehr vielseitig einsetzbaren Benachrichtigungs- und Aktionsdienst zur Verfügung. Beispielsweise wird der jeweilige Kundenbetreuer automatisch per E-Mail benachrichtigt, wenn die Anzahl der Supportfälle eines seiner Kunden im letzten Quartal größer ist als drei. Oder der Betreuer bekommt automatisch ein Telefonat eingetragen mit der Aufgabe, den Kunden anzurufen, wenn der letzte Kontakt schon mehr als zwei Monate zurückliegt. Auch für die Durchführung von mehrstufigen Kampagnen (zum Beispiel

E-Mail plus Telefonaktion) sollten Funktionen zur Verfügung stehen. Verwenden Sie das Frühwarnsystem ausgiebig, damit wertvolle Kunden Kunden bleiben.

5.5. Success-Stories erzählen

Es ist nicht leicht, gute Success-Stories von erfolgreich verlaufenen Rückgewinnungsaktionen zu finden. Das Thema ist heikel: Man spricht nicht über seine entlaufenen Kunden. Und noch weniger verrät man, wie man sie wieder eingefangen hat.

Dabei lässt sich mit einer gut gemachten Success-Story jede Menge Sympathie aufbauen. Denn jeder macht mal einen Fehler. Entscheidend ist, daraus zu lernen und ihn wieder gutzumachen. Wenn Sie das *so* darstellen können, prima. «Facts tell, stories sell», sagt eine amerikanische Verkäuferweisheit. Machen Sie Geschichten, bevor der Markt sie macht. Erzählen Sie *die* Geschichten, die man über Sie erzählen soll. Wo es keine Transparenz gibt, ist viel Raum für Gerüchte und Spekulationen.

5.5.1. Märchen als Vorbild

Gehirnforscher glauben, dass jeder Denk- und Entscheidungsprozess von inneren Bildern begleitet wird, die unser Hirn in einem unaufhörlichen Schöpfungsprozess konstruiert. Spannende Geschichten setzen ein wahres Kopfkino in Gang. Sie werden gut behalten und oft weitererzählt. Jahrtausendealte Geschichten haben es so bis heute geschafft. Sie haben die darin vorkommenden Protagonisten unsterblich gemacht.

Eine gut gemachte Erzählung führt entlang eines Spannungsbogens von einer Ausgangssituation über eine Veränderung zu einem Endpunkt. Beim Aufbau kann man sich an gängigen Märchen orientieren. Sie haben folgendes Muster:

- **Was war am Anfang** (= das Problem)?
- **Wer** (= der Held) **tat was** (= die gute Tat) **mit wessen Hilfe** (= die gute Fee)?
- **Wo lauerten Gefahren** (= das Abenteuer)?
- **Wie ging das Ganze aus** (= der Sieg, das Happy End)?

Der Beginn einer Geschichte ist besonders wichtig, denn da fragt sich der Zuhörer: Hat das was mit mir zu tun? Ist die Antwort «Ja» und das Ganze für ihn relevant, hört er weiter zu. Ist es ohne Bedeutung, also irrelevant, schaltet unser Hirn auf Durchzug. Im Verlauf der Handlung wünschen wir uns Höhen und Tiefen, das weckt Emotionen und erzeugt Spannung. Nur eitel Sonnenschein, das will keiner sehen. Wir mögen das sinnliche Feuerwerk der Gefühle. Also brauchen wir dramaturgische Wendungen, Rückschläge, Überraschungen. Und zum Schluss ein positives Ende. Unser Hirn will das Happy End. Denn es ist süchtig nach Glückshormonen.

5.2.2. Geschichten für drinnen und draußen

Unternehmensgeschichten haben immer zwei Zielrichtungen:
- **eine interne** (die Mitarbeiter)
- **eine externe** (Interessenten, Kunden, Ex-Kunden, Partner, Lieferanten, Banken, Investoren, die Öffentlichkeit)

Intern können Beispiele und Anekdoten gezielt eingesetzt werden, um zu verdeutlichen, weshalb Kunden abwandern und wie es gelingt, sie wieder zurückzugewinnen. Oder sie erzählen, wie sich Kundenfokussierung bei Ihnen im Einzelnen darstellt – und wie nicht. Oder sie dokumentieren die Meilensteine zu einem großen Sieg über den schärfsten Mitbewerber. Oder sie verdeutlichen ein gelungenes Reaktivierungsprojekt in all seinen Facetten. Oder, oder, oder.

Doch selbst die beste Geschichte bewirkt nichts, solange sie im

Dunkeln schlummert. Holen Sie sie ans Licht, verpacken Sie sie gut und machen Sie sie öffentlich. Gute Geschichten sind neu, sie sind anders, sie überraschen, sie sind im wahrsten Sinne des Wortes merkwürdig und sie sind vor allem – wahr. Erzählen Sie Ihre Geschichten so, wie sie sich tatsächlich zugetragen haben.

Geschichten, die nicht stimmen, die geschönt sind, hinter denen keine Substanz steckt, werden früher oder später immer entlarvt, wofür meist schon die entrüsteten Mitarbeiter sorgen. Falsche Loyalität, bei der das Umfeld wissentlich das unethische Verhalten der Oberen decken soll, ist heute immer weniger zu bekommen. Und das ist auch gut so. «Mit Lügen kommt man durch die ganze Welt, aber nicht mehr zurück», sagt treffend ein russisches Sprichwort.

Reden Sie mit Ihren Kunden, um solche am Ende positiven Geschichten in Erfahrung zu bringen. Sammeln und dokumentieren Sie diese und geben Sie Passendes sofort wieder in Umlauf. Insbesondere der Vertrieb und das Rückgewinnungsteam benötigen einen ganzen Fundus an erfolgreich verlaufenen Come-back-Geschichten. Sie sind die beste Referenz für (noch) zweifelnde Kunden.

So vermeldete die Kölner Werbeagentur 360° Kommunikation im Rahmen einer Pressemeldung ganz stolz das Ergebnis eines Rückgewinnungsmailings für die Großhandelskette Handelshof: eine Erfolgsquote von 34 Prozent. In drei verschiedenen Varianten waren insgesamt 16 000 Kunden angeschrieben worden. Größte Beachtung fand die Variante, bei der jeder Empfänger unter der Headline «Gesucht» sein eigenes Foto aus dem Einkaufsausweis erblickte. Die Kassensysteme der 13 Handelshof-Großmärkte stellten schließlich fest: Gut ein Drittel der Empfänger tätigten nach zweijähriger Pause wieder einen Kauf.

6. Prävention

Die Rückkehr verlorener Kunden verschafft Ihnen eine zweite Loyalisierungschance. Alles Gelernte aus dem Rückgewinnungsmanagement hilft, die Dauer der 2. Loyalität eines Kunden zu verlängern bzw. bestehende und neue Kunden in Zukunft erst gar nicht zu verlieren.

1. Loyalität   erfolgreicher Prozess der Kundenrückgewinnung   2. Loyalität

Die Stellschrauben zur Prävention zukünftiger Kundenverluste sind facettenreich. Eine Fülle von Aspekten haben wir in den zurückliegenden Kapiteln bereits kennen gelernt. Weitere nützliche Ansatzpunkte aus der Schatzkiste des Loyalitätsmarketing habe ich in meinen früheren Büchern bereits ausführlich beschrieben (weshalb ich mich hier nicht wiederholen kann). In unserem Fall hervorzuheben sind:

- das Fehlermanagement
- das Beschwerdemanagement
- das Begeisterungsmanagement
- das Ideenmanagement
- das Innovationsmanagement

In jedem dieser Punkte steckt ein gewaltiges Erfolgspotenzial, wenn es darum geht, zukünftig weniger Kunden zu verlieren, absprungbereite Kunden zu halten und abgewanderte Kunden zurückzuholen. Das Ziel: Kunden zu loyalisieren, also zu treuen Immer-wieder-Käufern und zu aktiven positiven Empfehlern zu machen – sei es im ersten oder im zweiten Anlauf.

6.1. Die Kundenloyalisierung optimieren

Loyalität ist heutzutage ein äußerst knappes Gut. Und deshalb besonders begehrenswert. Es ist das Wertvollste, was Unternehmen von ihren Kunden bekommen können, wertvoller noch als ihr Geld. Wer rein auf das Portemonnaie des Kunden schielt, zielt meist auf den Einmal-Kaufakt. Loyalität dagegen zielt auf die freiwillige Immer-wieder-Treue des Kunden und auf sein anhaltend emotionales Engagement.

Kundenloyalität steigert die Wertschöpfung, denn loyale Kunden kaufen öfter, sie kaufen mehr, sie sind (meist) weniger preissensibel. Wer die Loyalität seiner Käufer gewinnt und dauerhaft bewahren kann, generiert kontinuierlich steigende Umsätze und reduziert gleichzeitig seine Kosten.

Und das ist noch nicht alles. Ein durch und durch loyaler Kunde kommt ja nicht nur immer wieder, er generiert auch Empfehlungsgeschäft. Nicht nur als Immer-wieder-Kunden, sondern vor allem als aktive positive Empfehler sind unsere Kunden lukrativ. Empfehler sind Ihre besten Helfershelfer auf dem Weg zu kontinuierlich steigenden Ergebnissen und hoher Kundentreue.

6.1.1. Die schärfste Waffe des Verbrauchers

Loyalität – und nicht Konsumverzicht – ist die schärfste Waffe des Verbrauchers. Denn irgendwann wird jeder wieder konsumieren (müssen), fragt sich nur, bei wem! Kundenloyalität zu erzeugen ist damit die wichtigste und gleichzeitig vorrangigste unternehmerische Herausforderung der Zukunft. Wer in Loyalitätsmarketing investiert und damit auf Loyalitätsführerschaft zielt, der wird sich erfolgreich von der allgemeinen Marktentwicklung abkoppeln können, der liegt in Zukunft vorn!

Gerade in konjunkturell schwierigen Zeiten ist es ratsam, sich auf seinen bestehenden Kundenstamm zu konzentrieren. Das systematische Ausschöpfen des vorhandenen Kundenpotenzials bietet unzählige Chancen zu kostengünstigem und nachhaltigem Wachstum. Doch inzwischen klagen nahezu alle Branchen über deutlich nachlassende Kundenloyalität. Die Ursachen dafür haben nicht nur mit verändertem Kundenverhalten zu tun – in den meisten Fällen sind sie hausgemacht. Die größten Loyalitätszerstörer heißen: emotionale Kälte, unüberlegtes Preisgeschwätz und ständig wechselnde Ansprechpartner. Wer nur allein an diesen Punkten ansetzt und intelligent gemachte Angebote an den Markt bringt, kann seine Kundentreue beträchtlich erhöhen und gleichzeitig seine Fluktuationsraten deutlich senken.

6.1.2. Loyalität schlägt Kundenbindung

Die heutigen Kunden – individualisierte, bestens informierte, multioptionale, schnell wechselbereite, hyperkritische Anspruchsdenker – lassen sich nicht länger binden. Bindung macht unfrei, fast möchte man an Fesseln denken. Kein Knebelvertrag, keine Wechselbarriere, kein noch so gut gemachtes Kundenbindungsinstrument kann die Treue solcher Kunden erzwingen.

Die gute alte Kundenbindung gehört in die Marketing-Mottenkiste des letzten Jahrhunderts. Kundenbindungsmaßnahmen gehen immer vom Unternehmen aus. Sie dokumentieren die selbstzentrierte, managementbezogene und meist immer noch arrogante Sicht der Unternehmen auf den Kunden.

Also Loyalität! Aber kommt das nicht ein wenig verstaubt daher? Denkt man da nicht an blinden Gehorsam und ewige Treue? Passt Loyalität überhaupt noch in unsere schnelllebige Zeit? Ja natürlich! Loyalität ist als uralte Ausprägung des Herdentriebs tief verankert in unserem Genom. «Connecting people», der Werbespruch von Nokia (35 Prozent Marktanteil!) ist nur *ein* Beweis dafür, wie man dieses Wissen aktualisieren und bestens kapitalisieren kann. Loyalität ist freiwillige Treue. Sie hat viel mit guten Gefühlen zu tun: mit Achtsamkeit, Zuverlässigkeit, Vertrauen, Wertschätzung, Sympathie und Zuneigung. Loyalität ist emotionsbehaftet und geht vom Kunden aus.

Loyalität bedeutet:	> freiwillige Treue
	> emotionale, andauernde Verbundenheit
	> leidenschaftliche Fürsprache

Das hört sich prima an – nur leider: Loyalität ist ein flüchtiger Schatz. Eine Loyalitätsgarantie gibt es nicht. Man muss sie sich – genau wie seinen guten Ruf – immer wieder neu (v)erdienen. Loyalität bekommt geschenkt, wer Kundenerwartungen (deutlich) übertrifft. Alles, was mit blumigen Werbeworten von buntem Prospektmaterial, über das Internet, vom Verkäufergeschwader versprochen wird, muss nicht nur eingelöst, sondern sogar überboten werden. Überrascht, verblüfft, begeistert, ja geradezu fasziniert muss der Kunde sein, *das* ist der beste Nährboden für dauerhafte Kundentreue. Vertrauen und Begeisterung sind die Vorstufen zum Aufbau von Loyalität – und ein wirksam vorbeugendes Mittel gegen Kundenschwund.

Durch und durch loyale Kunden halten ihrem Lieblingsunternehmen auch dann noch die Treue, wenn einmal nicht alles rund läuft – in dem begründeten Vertrauen, dass die das schon wieder hinbekommen. Kunden, die solchermaßen Loyalität demonstrieren, sind in schweren Zeiten wertvoll wie nie. Wer solche Schätzchen hat, behandle diese pfleglich!

6.1.3. Wie das Loyalitätsmarketing funktioniert

Loyalitätsmarketing heißt: die Blickrichtung wechseln, die eigene betriebliche Welt mit aller Konsequenz durch die Brille der Kunden betrachten, deren Kopf *und* Herz erobern wollen. Immer-wieder-Kunden und aktive positive Empfehler stehen dabei im Zentrum aller Aktivitäten. Wo allerdings der Sirenengesang der Börsianer nach Quartalsberichten ruft und wo sich Wirtschafts-eliten aus machtpolitischem Kalkül lieber mit Fusionen statt mit Kunden schmücken, da werden die Interessen der Kunden mit Fü-ßen getreten. Und da ist der Weg zum loyalen Käufer weit. Denn Loyalität braucht Zeit zum Wachsen.

Loyalitätsführer bevorzugen langfristige Beziehungen zu Kun-den, Mitarbeitern, Lieferanten, Partnern und Investoren. Dies ver-ändert das Führungsverhalten und die Unternehmenskultur – im positiven Sinne. Denn alle Mitarbeiter im Unternehmen orientie-ren sich an der Führungsspitze.

Fehlende Loyalität des Arbeitgebers erzeugt automatisch fehlen-de Loyalität bei Mitarbeitern und Kunden. Wer also Loyalität will, muss diese – beim Topmanagement beginnend – aktiv leben, fördern und fordern. Von dort muss der Loyalitätsfunke auf alle im Unternehmen überspringen.

Loyalitätsmarketing ist nicht mit einem flotten Zehn-Punkte-Programm und auch nicht mit den üblichen Checklisten zu ma-chen. Patentrezepte gibt es nicht. Denn Loyalität funktioniert bei jedem Individuum unterschiedlich und stellt sich in jedem Unter-nehmen anders dar. Ein lohnender Weg zum Ziel: Verabschieden Sie sich doch einmal von Ihrer klassischen Zielgruppen-Segmen-tierung und bilden Sie die folgenden drei Kategorien:

- nicht loyale Kunden
- bedingt loyale Kunden
- durch und durch loyale Kunden

Definieren Sie die Kriterien, die etwa einen durch und durch loyalen Kunden kennzeichnen. Dann analysieren Sie ganz genau, wie Sie an diese gekommen sind, was sie auszeichnet und wie sie sich verhalten. Mit diesem Wissen lassen sich Profile erstellen, mit deren Hilfe man systematisch auf die Suche nach neuen loyalen Kunden gehen kann. So lernen Sie auch, solche Kunden zu meiden, bei denen alle Loyalisierungsbemühungen zwecklos sind. Denn Loyalität lässt sich nicht bei allen und jedem erreichen.

Die Mitarbeiter sind die Umsetzungsverantwortlichen des Marketings und die maßgeblichen Loyalitätsmacher. Je individueller die Leistung für den einzelnen Kunden erbracht wird und je unmittelbarer der Kunde-Mitarbeiter-Kontakt ausfällt, desto stärker ist das Gefühl emotionaler Verbundenheit. Und dort, wo Produkte nicht mehr faszinieren können, da müssen es die Menschen tun. Wo persönliche Kontakte fehlen, sinkt automatisch die Kundenloyalität. Das ist der erste Schritt zum Kundenverlust. Wer dagegen «seinem» Verkäufer emotional und dauerhaft verbunden ist, der wird diese Loyalität auch auf das Produkt übertragen. In meinen Büchern *Zukunftstrend Kundenloyalität* und *Zukunftstrend Mitarbeiterloyalität* steht übrigens ganz genau, wie das alles im Einzelnen funktioniert.

6.1.4. Kunden zu Verkäufern machen

Eines der Ziele des Rückgewinnungsmanagements war es ja, durch die Art und Weise der durchgeführten Aktionen negative Empfehlungen zu verhindern und positive Empfehlungen zu generieren. Positive Empfehler sind die besten Verkäufer, die Sie gewinnen können: uneigennützig, unwiderstehlich, unbezahlbar. Wer beginnt, ein Unternehmen mit Inbrunst und Leidenschaft weiterzuempfehlen, wird es kaum mehr verlassen.

Und: Empfohlenes Geschäft ist quasi schon vorverkauft. Dies führt bei dem, der die Empfehlung erhält, zu einer positiveren

Wahrnehmung, zu einer höheren Gesprächsbereitschaft und zu zügigen Entscheidungen. Oft ergeben sich eine geringere Preis-Sensibilität, höherwertige Abschlüsse und ein loyaleres Geschäftsgebaren. Und schnell entsteht neues Empfehlungsgeschäft. Eine Kernfrage lautet:

> Wie mache ich meine Kunden (und Kontakte)
> zu Topverkäufern meiner Angebote und Services?

Den Empfehler treibt nicht Profit, sondern das Bestreben, jemand zu sein, also bei anderen gut dazustehen oder etwas beizutragen, also anderen Gutes zu tun. Mit einer erstklassigen Empfehlung kann man sich schmücken und sein Selbstwertgefühl steigern. Man kann sich als Kenner präsentieren. Man kann Menschen beeinflussen. Und Freundschaften festigen. Eine Empfehlung ist immer subjektiv und sehr persönlich. Denn sie sagt auch etwas über die eigene Wertewelt.

Das Empfehlungsgeschäft lässt sich heute auf zweierlei Weise gestalten:

Offline (Mund-zu-Mund): Die Empfehlung von einem Individuum zu einem anderen im Rahmen eines Gesprächs. Dies ist die klassische Mund-zu-Mund-Propaganda, die es zu allen Zeiten gab. So verbreiten sich empfehlenswerte Informationen eher langsam und innerhalb eines überschaubaren Kreises.

Online (Maus-zu-Maus): Die Massenempfehlung, die erst durch die neuen elektronischen Technologien möglich wurde. Dabei können per einfachem Mausklick über geografische und kulturelle Grenzen hinweg Tausende von Menschen schnell und kostengünstig auf ein empfehlenswertes Produkt aufmerksam gemacht werden. In kürzester Zeit kann die ganze Welt es haben wollen. Diese Form des Empfehlungsmarketing wird stark an Bedeutung gewinnen.

Bei all dem gibt es aktive und passive Empfehler. Passive Empfehler warten, bis sie bei passender Gelegenheit gefragt werden. Aktive Empfehler ergreifen von sich aus die Initiative. Sie sind oft anspruchsvolle Verbraucher mit hoher Durchsetzungskraft. Sie reden gerne darüber, wofür sie ihr Geld ausgeben. Sie sind Vorreiter und kennen die neuesten Trends. Sie sind Experten auf ihrem Gebiet. Sie genießen einen guten Ruf. Daher wird ihr Rat besonders geschätzt. Sie sprechen allerdings eine Empfehlung erst dann aus, wenn sie sich ihrer Sache absolut sicher sind. Denn mit jeder Empfehlung steht auch die eigene Reputation auf dem Spiel.

6.1.5. Eine Empfehlungsstrategie entwickeln

Wer empfohlen werden will, braucht ein exzellentes Image und hoch qualifizierte Mitarbeiter, die nicht nur fachlich, sondern auch emotional gut drauf sind. Denn es werden nur Spitzenleistungen weiterempfohlen. Und nur Spitzenleister erbringen Spitzenleistungen. Daher müssen zunächst die innerbetrieblichen Rahmenbedingungen stimmen. Nur Mitarbeiter, die sich wohl fühlen und in einem «lachenden» Unternehmen arbeiten, können *und wollen* für Kunden Großes tun.

Und nur, wer von Ihrer Sache restlos überzeugt *und* Ihnen wohl gesonnen ist, wird Sie enthusiastisch weiterempfehlen. Sie müssen also vertrauenswürdig *und* sympathisch wirken. Denn wir empfehlen niemanden, den wir nicht leiden können. Bei einer überzeugend ausgesprochenen Empfehlung rückt der Preis fast immer in den Hintergrund. Wer fragt etwa noch nach dem Preis, wenn ein vertrauenswürdiger Ober uns einen guten Wein empfiehlt?

Aktive positive Empfehlungen sind das Wertvollste, das ein Unternehmen von seinen Kunden bekommen kann. Das Marketing und die komplette Vertriebsmannschaft müssen lernen, gezielt ihre Kunden als positive Kommunikatoren *so* mit einzubinden, dass diese begeistert Empfehlungen aussprechen.

Als glühende Verehrer verteidigen sie ihre Lieblingsmarken

auch gegen jede Art von Angriffen. Sie werden zu vehementen Fürsprechern Ihrer Leistungen, wenn ein anderer Kunde einmal Bösartiges erzählt oder abzuspringen droht. «Anfänglich hatte ich auch einmal Probleme», heißt es dann, «aber die haben sich rührend gekümmert. Und danach hat immer alles ganz prima geklappt. Ich kann Ihnen das Unternehmen wirklich wärmstens empfehlen.»

Natürlich gibt es nicht nur positive Empfehler, sondern auch negative. Wer sich inkompetent beraten oder über den sprichwörtlichen Tisch gezogen fühlt, wer eine schlechte Qualität oder einen miserablen Service erhalten hat, wessen Kündigung lieblos behandelt wurde und wer sich dann auch noch fortgeekelt fühlt, der wird sich garantiert rächen: mit massenhaft schlechter Mundpropaganda. «Um Gottes willen! Kaufen Sie bloß nicht bei …!», heißt es dann. Und nun folgt eine dramatische Schilderung dessen, was man dort alles erlebt hat. So wollen wir andere vor Schaden bewahren.

Dabei kann ein einziger Kunde dafür sorgen, dass in seinem Umfeld wirklich niemand mehr bei Ihnen kauft. So ermittelte Georg Zollner im Rahmen einer empirischen Studie im Bankenbereich, dass bei einem Drittel aller Kontoauflöser weitere Personen aus dem Familien- oder Bekanntenkreis die Bank unmittelbar danach ebenfalls verlassen haben.

Wer im Zug oder im Flugzeug die Ohren nur ein wenig spitzt, erfährt vieles über Unternehmen, das er besser nicht erfahren sollte. Und ist eine Geschichte erst mal im Umlauf, ist sie nicht mehr zu kontrollieren. Sie wird zur Empfehlung – oder zur Warnung. Keine noch so fleißige Presseabteilung, kein noch so bunter Imageprospekt, keine noch so ausgefeilte Gegendarstellung kann negative Mundpropaganda stoppen. Sie verselbstständigt sich und zieht ihre bösen Bahnen. Im Positiven funktioniert das natürlich genauso: Dem Unternehmen eilt ein guter Ruf voraus, heißt es dann treffend.

Moderne Mund-zu-Mund-Werbung ist also viel mehr als die lapidare Frage nach ein paar Adressen oder die Überreichung eines Freunde-werben-Freunde-Flyers. Sie ist nicht nur glaubwürdiger, sondern auch kostengünstiger als klassische Werbung. Sie ist die einzige Werbung, die garantiert funktioniert. Die Empfehlungsrate ist eine der wichtigsten betriebswirtschaftlichen Kennzahlen. Sie sollte im Geschäftsbericht ganz vorne stehen.

Wer sein Empfehlungsmarketing systematisch ausbauen will, wartet nicht in aller Bescheidenheit darauf, entdeckt zu werden. Vielmehr treibt er den Empfehlungsprozess strategisch voran. Wenn Sie wissen wollen, wie das geht, empfehle ich Ihnen mein Buch *Zukunftstrend Empfehlungsmarketing*.

Aktive positive Empfehler sind nicht nur für die kostengünstige Neukunden-Akquise, sondern auch im Rückgewinnungsmanagement äußerst wertvoll. Sie sind Kunden mit quasi eingebauter Bleibe-Garantie.

6.2. Die Kundenintegration

Es wird immer klarer: War der Kunde früher einmal König oder Gott, Freund oder Partner, heute ist er der Boss. Das Internet ist dabei der Schrittmacher und gibt die Marschrichtung vor. Es hat, so Martin Oetting, «den Kunden und Konsumenten eine Stimme gegeben, die inzwischen oft lauter ist als die der großen Konzerne».

Während das World Wide Web zunächst vor allem eine Wissensplattform war, auf der man Informationen abrufen konnte, bietet es seit kurzem unter dem Sammelbegriff Web 2.0 alle möglichen Applikationen, mit deren Hilfe selbst Laien auf einfachste Weise zu Gestaltern des virtuellen Raums werden können. So wurde das Web zum Mitmach-Web. Es verwandelt passive Konsumenten in aktive Produzenten. Der User wird zum Macher und bekommt damit Macht. Und wer die Macht hat, hat das Sagen.

6.2.1. Der Kunde ist der Boss

«Kunden machen die Werbung von morgen», frohlockt Jan Erik Meyer in meinem Blog. Dieses neue Selbstbewusstsein der Internetgemeinde wird sich in Windeseile auch in die reale Welt übertragen. Begonnen hat alles mit dem Cluetrain Manifesto (www.cluetrain.de). Im April 1999 stellten vier Visionäre 95 Thesen für die neue Unternehmenskultur im digitalen Zeitalter ins Internet. Alle sehr lesenswert – und real. So lautet etwa These 12: «Es gibt keine Geheimnisse. Der vernetzte Markt weiß mehr als die Unternehmen über ihre eigenen Produkte. Und egal ob die Nachricht gut oder schlecht ist, sie erzählen es jedem.» Und These 76 sagt: «Wir haben da ein paar Ideen für euch: Ein paar neue Tools, die wir brauchen, einen besseren Service. Zeug, für das wir bereit wären, Geld auszugeben. Habt ihr 'ne Minute?»

Einseitige Information war gestern. Zu dieser Zeit lag die Macht noch beim Anbieter. Und Werbung war ein Monolog: Marken sandten Botschaften, Kunden hörten zu und kauften dann. So einfach war das. Heute nennen wir solches Vorgehen Spam. Und das nicht nur im Internet. Ungewollte Werbe-Anrufe: Telefon-Spam. Penetrante Funk- und Fernsehspots: Wohnzimmer-Spam. Grellbunte Massenmailings: Briefkasten-Spam. Mit teuren Werbegeldern Erkauftes landet im Papierkorb oder wird einfach weggezappt.

Heute ist das Verhältnis zum Kunden dialogisch geprägt – und interaktiv. Unternehmen fragen und hören zu, Kunden senden Botschaften und Wünsche, und wenn sie an den Antworten Geschmack finden und ein gutes Gefühl dabei haben, dann kaufen sie auch. Willkommen im Zeitalter der Partizipation.

Progressive Unternehmen sind schon längst damit beschäftigt, die Kunden zu involvieren, zu integrieren und zu Gestaltern zu machen. Und die Kunden machen freudig mit. Sie beginnen, Marketingprozesse selbst in die Hand zu nehmen: Sie produzieren Anzeigen, sie drehen Werbefilme und lassen sich Online bewundern. Die Reaktion der Internetgemeinde ist umso positiver, je mehr die Unternehmen sie dazu ermuntern oder zumindest gewähren lassen. Der Output wandert als elektronische Mundpropaganda um die ganze Welt – und macht aus Marken Kult.

Beispiele dafür sind zahlreich – und sie werden immer mehr. Viele große Marken haben, analog den frühen Porsche-, Beatles- und Harley-Davidson-Fanclubs, heute lebendige Communities. Konsumentengemeinschaften also, denen sie im Internet – und manchmal auch in der realen Welt (Red Bull Flugtag) – eine Plattform zum Austoben bieten.

Integrative Marken stellen ihrer Gemeinde im Web sowohl Themen als auch Werkzeuge bereit, damit diese «Consumer Generated Content» erzeugen können. Sie bieten «Online-Gaming» und «Social Networking», um Austausch und Zusammenhalt zu fördern. So können sich Kunden miteinander vernetzen. Eine neue Form von «Sippe» entsteht, und dies wiederum fördert die Verbundenheit zur Marke.

Sind Sie etwa noch nicht Mitglied in der Milka-Kuh-munity? Und Sie haben noch nie an der virtuellen Jägermeister-Bar gestanden? Da ist Ihnen eine Menge Spaß entgangen. Und sicher auch der ein oder andere Lerngewinn. Das Internet ist ein prima Experimentierfeld für den realen unternehmerischen Alltag von morgen.

6.2.2. Die Consumer-driven-Company

Die meisten Communities unterscheiden sich wohltuend von den Kundenclubs alten Schlags, die ihre Mitglieder zu passiven Leistungsempfängern, aber nicht zu aktiven Schöpfern machten. Heute veranstalten Marken Umfragen und Votings, um neue Produktvarianten zu kreieren. Der Troisdorfer Fensterbauer Profine bindet zum Beispiel eine Vielzahl von Kunden und Lieferanten frühzeitig in die Entwicklung neuer Fensterkonstruktionen ein.

Sixt rief seine Kunden auf, neue Werbemotive zu entwickeln. Über die 36 besten Entwürfe konnte man im Internet abstimmen. Dem Sieger winkten Cabrio-Wochenenden. Mini rief die Fans in Zusammenhang mit dem Launch neuer Modelle zu einem «Web-clip-Contest» auf. Die Gewinnerfilme wurden auf allen Mini-Events gezeigt. Das ist Consumer-to-Consumer-Marketing.

Jede Art von Spielraum zum Einbinden der Kunden ist hilfreich: Diskussionsforen im Internet, Kundenparlamente, Focus-Groups, Corporate Blogs, «Brandlands» wie die *Swarovski*-Kristallwelten … Jedes Unternehmen kann auf seine Weise Ansatzpunkte finden, um Kunden entscheiden zu lassen, wo es in Zukunft langgeht. «Früher hatten wir eine Karte, die haben wir aber abgeschafft, weil sowieso alle das Überraschungsmenu bestellt haben», sagt etwa der Star-koch und Gastronom Tim Mälzer, und weiter: «Heute fragen wir, was die Leute mögen und was nicht. Ich drehe meine Runden und rede mit den Gästen. So entsteht dann das Überraschungsmenu.»

Warum sage ich Ihnen all das und überschütte Sie auf einmal mit jeder Menge Anglizismen? Ganz einfach. Es ist die neue Mar-ketingwelt: das «Customer-driven-Marketing». Wer seine Kunden zum Akteur und Gestalter macht, sorgt für Identifikation und emotionale Verbundenheit. Damit werden schmerzhaft hohe Fluk-tuationsraten verhindert. Und das Wertpotenzial lukrativer Kun-den bleibt erhalten. Unser ultimatives Ziel: die Vermeidung von Kundenverlusten und der Aufbau der Loyalitätsführerschaft.

Eines ist sicher: Wer als Kunde in die Produkt- und Serviceent-wicklung aktiv eingebunden wird und Marketingprozesse maß-geblich mitgestalten kann, der hängt an diesem Unternehmen, der spricht beherzt über seinen Anbieter und wird sein Wohl und Wehe rührig begleiten. Er wird «seinem» Unternehmen und «sei-ner» Marke die Treue halten. Das ist die beste Prävention. Denn schließlich: Wer lässt schon gerne sein «eigenes Baby» im Stich?

7. Ausblick

Es gibt Unternehmen, die haben es gut. Da kommen die Kunden in Scharen. Sie kaufen immer wieder und sprechen gerne Empfehlungen aus. Solche Unternehmen haben eines gemeinsam: Sie sind aufregend und ungeheuer attraktiv. Sie ziehen Kunden wie magisch an. Ihre Leistungen sind begehrenswert und empfehlenswert. Sie wecken Emotionen. Das, was sie bieten, können nur sie. Alle anderen sind dagegen ein billiger Abklatsch.

Solche Unternehmen haben nur ein Ziel: ihre Kunden glücklich zu machen.

> Das bedeutet im BtoB-Geschäft: den Kunden helfen, erfolgreicher zu sein.
> Und das bedeutet im BtoC-Geschäft: den Kunden helfen, besser zu leben.

Solche Unternehmen brauchen sich um die Neukunden-Gewinnung wenig Gedanken zu machen. Und Kundenverluste sind kaum ein Thema. Nur leider: Solche Unternehmen gibt es höchst selten. Aber sie kommen vor. In jeder Branche gibt es sie. Mit Hilfe dieses Buchs können Sie dazugehören.

In Zeiten gesättigter Märkte und steigender Neuakquise-Kosten ist das planvolle Zurückgewinnen verlorener Kunden ein zentraler Wettbewerbsvorteil. Und es ist eine permanente Aufgabe. Ein Ankommen gibt es nicht. Die größte Gefahr auf diesem Weg in eine stabile unternehmerische Zukunft? Die Selbstgefälligkeit.

Wer sich zu lange mit selbstherrlichem Schulterklopfen aufhält, dem laufen die Kunden davon. Und der wird sofort vom Wettbewerb überrundet.

Je länger ein Unternehmen einen rentablen Kunden hält, umso mehr Gewinne kann es durch ihn erzielen. Oberstes Ziel sollte es daher sein, keinen einzigen Kunden zu verlieren, den man behalten will. Hohe Kundenloyalität und niedrige Abwanderungsraten sichern den dauerhaften Geschäftserfolg. Das freudige Come-back wertvoller Kunden ist ein ganz besonders wirkungsvolles Mittel auf dem Weg zu diesem Ziel.

Dabei wünsche ich Ihnen von Herzen viel Erfolg.

Anhang

1. Checkliste Datenbank-Features zur Kundenrückgewinnung

2. Wie der Customer Lifetime Value (CLV) berechnet wird

3. Telefonleitfaden eines regionalen Stromversorgers zur Rückgewinnung verlorener Stromkunden

---

An dieser Stelle möchte ich mich ganz herzlich bedanken bei allen,
- die die Beiträge im Anhang zur Verfügung gestellt haben,
- die mit lebendigen Beispielen dieses Buch bereichert haben,
- die mir für vertiefende Gespräche zur Verfügung standen.

Und vor allem bedanke ich mich bei Ihnen, liebe Leserin und lieber Leser, für Ihr Interesse an meiner Arbeit. Ich wünsche Ihnen allen erdenklichen Erfolg beim Wiedergewinnen und Loyalisieren Ihrer wertvollen Kunden und viel Freude beim täglichen Tun.

München, im Oktober 2006

1. Checkliste Datenbank-Features zur Kundenrückgewinnung

Noch besser als Kunden zurückzugewinnen ist, sie gar nicht erst zu verlieren. Die nachfolgende Checkliste der CAS Software AG aus Karlsruhe (www.cas.de) gibt mit vielen Tipps Hilfestellung.

1. Eine zentrale Datenbank einrichten: Die Basis für die Kundenrückgewinnung ist eine einzige zentrale, aktuell gepflegte und funktionstüchtige Datenbank. In der Regel sind dazu Daten aus verschiedenen Quellen (ERP-Daten, Adressdatenbanken, Kundeninformationen etc.) dauerhaft zusammenzuführen. Schaffen Sie von Anfang an Ordnung in Ihren Daten. Sorgen Sie insbesondere für die Auflösung von Dubletten und stellen Sie sicher, dass keine weiteren Dubletten mehr entstehen können.

2. Kenngrößen definieren: Finden Sie die Gründe, weshalb Sie bisher welche Kunden verloren haben. Überprüfen Sie, ob die dafür benötigten Daten vorhanden sind, legen Sie Kenngrößen fest. Beispiele: Anzahl und Grund der Reklamationen, wann letzter Kontakt, Kündigungen, erwartete, aber nicht realisierte Umsätze.

3. Inhalte planen: Um das Rückgewinnungsmarketing zu unterstützen, sollten bereits bei der Konfigurierung der Datenbank bzw. des CRM-Systems die folgenden Fragen mit einfließen: Welche Informationen werden benötigt, um Gründe für die Unzufriedenheit von Kunden systematisch zu erfassen? Wie kann das System rechtzeitig vor absprungbereiten Kunden warnen? Welche Prognosemodelle lassen sich erstellen? Und soll es dabei Eskalationsstufen geben? Wie werden Kunden gekennzeichnet, die wieder zurückgewonnen worden sind, damit in Zukunft besonders sorgfältig mit ihnen umgegangen wird?

4. Datenbanken strukturieren: Der Techniker benötigt Angaben, welche Informationen in welcher Form geliefert werden, und bildet diese in Datenbanktabellen, -feldern, -relationen und Datentypen ab.

5. Frühwarnsystem etablieren: Sorgen Sie auf Basis der jetzt vorhandenen Daten und dem neuen Wissen dafür, dass drohende Kundenunzufriedenheit frühzeitig erkannt wird und rechtzeitig Maßnahmen ergriffen werden. Die Warnung kann per E-Mail, per Dokument mit Auswertung, per eingetragener Aufgabe und per automatischem Aktionsdienst erfolgen. Aus technischer Sicht ist hier zu beachten, dass dies nicht die Datenbank macht, sondern die darauf aufsetzende Businesslogik des CRM-Systems.

6. Rückgewinnungskampagne vorbereiten: Ergänzen Sie die zuvor durchgeführte Analyse und identifizieren Sie ehemalige Kunden, die Sie zurückgewinnen wollen. Auch dafür sind Kriterien und Kenngrößen festzulegen und auszuwerten. Zum Beispiel: bisheriger Umsatz mit dem Kunden und dessen Potenzial, Zahlungsverhalten, Aufwand für Betreuung und Support des Kunden etc.

7. Prognosemodelle erstellen: Finden Sie Gründe und Maßnahmen, warum ein Ex-Kunde wieder zum Kunden wird: Überlegen Sie, was Sie für einen Ex-Kunden tun müssten, um diesen wieder als Kunden zu gewinnen. Zum Beispiel: anderes/neues Produkt, Verbesserungen, Preisnachlass, Garantien etc. Legen Sie pro Kunde bzw. Kundensegment fest, welche Maßnahme für wen geeignet ist. Stellen Sie dabei Aufwand und Nutzen gegenüber. Die IT-Abteilung kann mit den heutigen Mitteln das umsetzen, was gewünscht ist. Die Schwierigkeit besteht nicht in den Möglichkeiten der Datenbank und Server, sondern vielmehr im Finden aussagekräftiger Prognosemodelle und in der Sammlung und Pflege der für die Prognose notwendigen Daten.

8. Rückgewinnungskampagne durchführen: Stellen Sie aus den zuvor durchgeführten Untersuchungen Kundengruppen zusammen und ordnen Sie diese einer Rückgewinnungskampagne zu. Führen Sie diese Kampagnen anschließend durch, halten Sie die Ergebnisse fest und reagieren Sie wiederum je nach Reaktion.

9. Erfolg/Misserfolg der Kampagne bewerten: Untersuchen und bewerten Sie Ihre Kampagnen und ziehen Sie Schlüsse daraus.

10. Kundenstatus kennzeichnen: Zurückgewonnene Kunden erhalten eine Kennung, so dass mit ihnen in Zukunft besonders sorgfältig umgegangen werden kann. Felder in der Adresstabelle geben Auskunft über den Status.

2. Wie der Customer Lifetime Value berechnet wird

Der Customer Lifetime Value (CLV) bzw. Kundenwert betrachtet den Ertrag, der mit einem Kunden über die gesamte Dauer der Kundenbeziehung erzielt wird. Der Kundenwert im weiteren Sinne umfasst auch «weiche» Faktoren wie etwa Weiterempfehlungen. Da diese Faktoren nicht korrekt zu berechnen sind, konzentrieren wir uns hier auf den CLV wie folgt.

Der CLV berechnet sich aus den abgezinsten Deckungsbeiträgen der Kunden über die Kundenbeziehungsdauer. Zur Berechnung benötigen Sie also den Deckungsbeitrag des Kunden, die Dauer der durchschnittlichen Kundenbeziehung sowie den Abzinsungsfaktor. Berechnet wird der CLV mit folgender Formel:

$$CLV = DB_0 + \frac{DB_1}{(1+i)^1} + \ldots + \frac{DB_n}{(1+i)^n}$$

DB definiert den Deckungsbeitrag (Erträge minus variable Aufwendungen) in der jeweiligen Periode. In der Periode 0 ist der DB negativ, hier schlagen die Akquisekosten zu Buche. **n** ist die durchschnittliche Dauer der Kundenbeziehung. Diese ist dann erreicht, wenn von einem Ausgangskundenstamm von 100 Prozent bereits 50 Prozent verloren wurden, also der Durchschnittskunde gewechselt ist. **i** ist der verwendete Diskontierungszinssatz. Hier wird meist der im Unternehmen für Investitionen verwendete Kalkulationszinssatz verwendet. Die Basis dafür ist eine risikolose Alternativanlage (etwa Anleihen zu vier Prozent) und ein Risikozuschlag für die Prognoseunsicherheit in der Zukunft.

Die bedeutendsten Faktoren zur Steigerung des Kundenwertes sind somit einerseits die erzielten Deckungsbeiträge pro Jahr und andererseits die Dauer, über die Kunden dem Unternehmen treu bleiben.

In der Praxis benötigt man zur Berechnung eine eindeutige Kunden-ID pro Kunde sowie die jeweils zugeordneten Umsätze und Deckungsbeiträge der letzten Jahre aus vorhandenen ERP- bzw. CRM-Systemen oder aus der Auftragsabwicklung, um Deckungsbeiträge und Bindungsdauer zu ermitteln.

Rechenbeispiel gefällig?

Sie haben einen Kunden, der Akquisekosten von 500 Euro verursacht hat, einen Deckungsbeitrag von 600 Euro pro Jahr abwirft und den Sie vier Jahre halten. Zur Berechnung benötigen Sie nur noch den Abzinsungsfaktor, nehmen wir in unserem Fall zehn Prozent. So sieht die Rechnung dann aus:

$$CLV = -500 + \frac{600}{1{,}1^1} + \frac{600}{1{,}1^2} + \frac{600}{1{,}1^3} + \frac{600}{1{,}1^4}$$

Der Customer Lifetime Value dieses Kunden beträgt somit 1402 Euro. Wenn Sie es schaffen, den Kunden um ein Jahr länger zu halten, erhöht sich sein Wert für Sie auf 1774 Euro, also um 27 Prozent.

Normalerweise wird der CLV für das gesamte Unternehmen oder ein bestimmtes Segment berechnet. Er kann aber auch für einen bestimmten Kunden ermittelt werden. Dabei empfiehlt sich eine segmentbezogene Betrachtung nach dem Kundenwert. Jene Kunden sind zu fokussieren, die den Kundenwert am stärksten beeinflussen. Sie können die Kunden aufgrund ihres Kundenwertes in klar abgrenzbare Segmente unterteilen und diese gemäß ihrer Bedeutung unterschiedlich betreuen und so den Einsatz des Marketing- und Vertriebsbudgets optimieren. Meine Empfehlung:

Sehen Sie sich genau an, welche Kunden wie viel zu Ihrem Ertrag beisteuern, und konzentrieren Sie sich auf die wertvollen. Wenn Sie es schaffen, nur fünf statt zehn Kunden pro Jahr zu verlieren, können Sie Ihren Kundenwert deutlich steigern. Viel Erfolg!

Thomas Elssenwenger ist Geschäftsführer von Loyaltix Consulting, einer auf Kundenwert-Management spezialisierten Unternehmensberatung. Info: www.loyaltix.at oder elssenwenger@loyaltix.at

3. Telefonleitfaden eines regionalen Stromversorgers zur Rückgewinnung verlorener Stromkunden

a) Satz zur Sache/Einstiegsfrage

Lieber Herr Kunde, Sie waren XY Monate/Jahre unser Kunde. Während der gesamten Zeit haben Sie zuverlässig und sicher Strom von <Name des Unternehmens> bezogen. Sie kennen XY Mitarbeiter persönlich. Als regionaler Anbieter unterstützen wir die heimische Wirtschaft.

Lieber Herr Kunde, und jetzt habe ich Ihre Kündigung erhalten. Das macht mich sehr traurig ... Bitte helfen Sie mir und lassen Sie uns gemeinsam bei Ihnen vergleichen (besprechen), von welchem Angebot Sie wirklich am meisten haben.

• Terminfrage

Wann passt es Ihnen <Woche>, dass wir uns gemeinsam zu einer Tasse Kaffee treffen?

Möchten Sie, dass wir uns bei Ihnen treffen, oder ist es Ihnen lieber, zu uns zu kommen?

Lob/Dank

b) Analyse

Ein paar Fragen schon im Vorfeld:

- Was war unser Fehler, was haben wir falsch gemacht, dass Sie uns verlassen haben?
- Was hat Ihnen an unserer Zusammenarbeit besonders gefallen?
- Wie wichtig ist es für Sie, einen lokalen Anbieter zu haben in punkto Sicherheit, Nähe, Erreichbarkeit?
- <Name des Unternehmens> hat insgesamt XY Personen, davon YZ Auszubildende beschäftigt, zahlt natürlich die Steuern hier vor Ort und legt Wert auf den Standort <Ortsname>, die Auslastung der heimischen Wirtschaft. Welchen Wert legen Sie auf diese standortbezogenen sozialen und wirtschaftlichen Aspekte?
- Lieber Herr Kunde, was haben Sie von Ihrer Seite noch für Fragen vor unserem Treffen am <Datum>?

Gesprächsabschluss

- Zusammenfassung/Verbleib/Aufforderung zur Tat/Dank/Gruss

Mit freundlicher Genehmigung von:
Claudia Fischer
www.claudiafischertraining.de

Literaturverzeichnis

Altmann, Hans Christian: Kunden kaufen nur von Siegern, Moderne Industrie, Landsberg 2000

Ankowitsch, Christian: Generation Emotion, BVT, Berlin 2002

Bauer, Joachim: Warum ich fühle, was du fühlst, Hoffmann und Campe, Hamburg 2005

Blumenstein, Annette; Ehlers, Ingrid Ute: Ideen-Management, Gerling Akademie, München 2002

Bosshart, David: Billig, Redline Wirtschaft, Frankfurt 2004

Brandes, Dieter: Einfach managen, Redline Wirtschaft, Frankfurt 2002

Bruhn, Manfred; Homburg, Christian: Handbuch Kundenbindungsmanagement, Gabler, Wiesbaden 2000

Covey, Stephen R.: Die sieben Wege zur Effektivität, Heyne, München 2000

Csikszentmihalyi, Mihaly: Flow im Beruf, Klett-Cotta, 2004

Cube, Felix von: Lust an Leistung, Piper, 2000

Damasio, Antonio R.: Descartes' Irrtum, List, München 2004

Fink, K.-J.: Empfehlungsmarketing. Königsweg der Neukundengewinnung, 3. Auflage, Gabler, Wiesbaden 2005

Fisher, Roger, u. a.: Das Harvard Konzept, Campus, Frankfurt/New York 2004

Förster, Anja; Kreuz, Peter: Different Thinking!, Redline Wirtschaft, Frankfurt 2005

Franck, Georg: Ökonomie der Aufmerksamkeit, Hanser, München/Wien 1998

Frenzel, Karolina, u. a.: Storytelling, Hanser, München/Wien 2004

Friedrich, Kerstin: Empfehlungsmarketing, Gabal, Offenbach 2000

Fuchs, Werner T.: Tausend und eine Macht, Orell Füssli, Zürich 2005

Gams, Michael: Kleine Gesten, große Wirkung, Redline Wirtschaft, München 2002

Gams, Michael: Profitable Kunden zurückgewinnen, Redline Wirtschaft, München 2002

Gladwell, Malcolm: Der Tipping Point, Berlin Verlag, Berlin 2000

Gladwell, Malcolm: Blink! Die Macht des Moments, Campus, Frankfurt/New York 2005

Godin, Seth: Purple Cow, Campus, Frankfurt/New York 2004

Godin, Seth: Permission Marketing, Simon & Schuster, New York 1999

Goleman, Daniel (Hrsg.): Die heilende Kraft der Gefühle. Gespräche mit dem Dalai Lama, DTV, München 2000

Goleman, Daniel; Boyatzis, Richard; McKee, Annie: Emotionale Führung, Econ, München, 2002

Gottschling, Stefan: Stark texten, mehr verkaufen, Gabler, Wiesbaden 2002

Häusel, Hans-Georg: Brain Script, Haufe, Planegg 2004

Häusel, Hans-Georg: Limbic success!, Haufe, Planegg 2002

Höhler, Gertrud: Jenseits der Gier, Econ, Berlin 2005

Höhler, Gertrud: Herzschlag der Sieger, Ullstein, 2004

Holzheu, Harry: Emotional Selling, Redline Wirtschaft, Frankfurt 2003

Homburg, Christian, u. a.: Sales Excellence, Gabler, Wiesbaden 2002

Homburg, Christian, u. a.: Willkommen zurück! In: Harvard Business Manager, Dezember 2003

Horx, Matthias: Wie wir leben werden, Campus, Frankfurt/New York 2005

Hubschneider, Martin; Sibold, Kurt (Hrsg.): CRM – Erfolgsfaktor Kundenbindung, Haufe, München 2006

Hüther, Gerald: Die Macht der inneren Bilder, Vandenhoeck & Ruprecht, Göttingen 2004

Hüther, Gerald: Bedienungsanleitung für ein menschliches Gehirn, Vandenhoeck & Ruprecht, Göttingen 2001

Katzengruber, Werner: Die neuen Verkäufer, Wiley, Weinheim 2006

Hübner, Sabine: Surpriservice, Gabal, Offenbach 2002

Jaffé, Diana: Der Kunde ist weiblich, Econ, Berlin 2005

Kast, Bas: Revolution im Kopf, BTV, Berlin 2003

Kim, W. Chan; Mauborgne, Renée: Der Blaue Ozean als Strategie, Hanser, München 2005

Klein, Stefan: Die Glücksformel, Rowohlt, Reinbek 2002

Kobjoll, Klaus, u. a.: TUNE, Orell Füssli, Zürich 2004

Koch, Klaus-Dieter: Reiz ist geil, Orell Füssli, Zürich 2006

Kutzschenbach, Claus von: Frauen, Männer, Management, Rosenberger, Leonberg 2004

Langner, Sascha: Viral Marketing, Gabler, Wiesbaden 2005

Layard, Richard: Die glückliche Gesellschaft, Campus, Frankfurt/New York 2005

Levine, Rick; Locke, Christopher; Searls, Doc; Weinberger, David: The Cluetrain Manifesto, Perseus Books Group, München 1999

Levine, Robert: Die große Verführung, Piper, München 2005

Malik, Fredmund: Führen – Leisten – Leben, DVA, München 2000

Meyer, Anton; Davidson, J. Hugh: Offensives Marketing, Haufe, Planegg 2001

Mikunda, Christian: Marketing spüren, Redline Wirtschaft, Frankfurt 2002

Mikunda, Christian: Der verbotene Ort oder die inszenierte Verführung, Econ, München 1997

Molcho, Samy: Körpersprache, Mosaik, München 1998

Molcho, Samy: Körpersprache im Beruf, Mosaik, München 2001

Oetting, Martin: Wie Web 2.0 das Marketing revolutioniert. Aus: Leitfaden Integrierte Kommunikation, Hrsg: Torsten Schwarz und Gabriele Braun, Absolit, 2006

Reichheld, Frederick F.: Loyalty Rules, Harvard Business School Press, Boston 2001

Reichheld, Frederick F./Bain & Company: Der Loyalitäts-Effekt, Campus, Frankfurt/New York 1997

Ridderstrale, Jonas; Nordström, Kjell A.: Karaoke Capitalism, Financial Times Prentice Hall, Harlow 2004

Ridderstrale, Jonas; Nordström, Kjell A.: Funky Business – Wie kluge Köpfe das Kapital zum Tanzen bringen, Financial Times Prentice Hall, Harlow 2000

Röthlingshöfer, Bernd: Marketeasing, Erich Schmidt Verlag, Berlin 2006

Roth, Gerhard: Aus Sicht des Gehirns, Suhrkamp, Frankfurt 2003

Roth, Gerhard: Fühlen, Denken, Handeln, Suhrkamp, Frankfurt 2003

Sauerbrey, Christa; Henning, Rolf: Kundenrückgewinnung, Vahlen, München 2000

Scheier, Christian; Held, Dirk: Wie Werbung wirkt, Haufe, Planegg 2006

Sieben, Frank G.: Rückgewinnung verlorener Kunden, Gabler, Wiesbaden 2002

Schmitt, Bernd H.; Mangold, Marc: Kundenerlebnis als Wettbewerbsvorteil, Gabler Wiesbaden 2004

Schüller, Anne M.: Zukunftstrend Empfehlungsmarketing. Der beste Umsatzbeschleuniger aller Zeiten, BusinessVillage 2005

Schüller, Anne M.: Zukunftstrend Kundenloyalität. Endlich erfolgreich – durch loyale Kunden, BusinessVillage, 2. erw. Auflage, Göttingen 2005

Schüller, Anne M.: Erfolgreich verhandeln – erfolgreich verkaufen. Wie Sie Menschen und Märkte gewinnen, BusinessVillage, Göttingen 2005

Schüller, Anne M.: Zukunftstrend Mitarbeiterloyalität. Endlich erfolgreich – durch loyale Mitarbeiter, BusinessVillage, 2. erw. Aufl., Göttingen 2006

Schüller, Anne M.; Fuchs, Gerhard: Total Loyalty Marketing, Gabler, Wiesbaden, 3. erw. Auflage 2006

Schweizer, Markus; Rudolph, Thomas: Wenn Käufer streiken, Gabler, Wiesbaden 2004

Sprenger, Reinhard K.: Vertrauen führt, Campus, Frankfurt 2002

Stauss, Bernd (Hrsg.): Dienstleistungsmanagement, Jahrbuch 2000, Gabler, Wiesbaden

Tilk, Stefan: Courage. Mehr Mut im Management, Wiley, Weinheim 2006

Weidner, Jens: Die Peperoni-Strategie, Campus, Frankfurt 2005

Zollner, Georg: Kundennähe in Dienstleistungsunternehmen, Wiesbaden 1995

Die Autorin

Anne M. Schüller ist Diplom-Betriebswirt und gilt als führende Expertin für Loyalitätsmarketing. Sie hat, gemeinsam mit dem Unternehmensberater Gerhard Fuchs, den Begriff des Total Loyalty Marketing geprägt. Sie ist Autorin zahlreicher Veröffentlichungen und siebenfache Buchautorin.

Über 20 Jahre lang hatte sie Führungspositionen in Vertrieb und Marketing verschiedener nationaler und internationaler Unternehmen inne und dabei mehrere Auszeichnungen erhalten.

Seit 2001 ist sie als Marketing Consultant tätig. Ihre Arbeitsschwerpunkte: Total Loyalty Marketing, marketingorientiertes Management-Coaching, Vorträge sowie Workshops und Seminare für Führungskräfte und Mitarbeiter.

Sie gehört zu den besten Wirtschaftsrednern im deutschsprachigen Raum. Auf Kongressen und Firmenveranstaltungen hält sie hochkarätige Impulsvorträge zu den Themen Loyalitätsmarketing, Mitarbeiter- und Kundenloyalität, kundenfokussierte Mitarbeiterführung, Empfehlungsmarketing und Emotionales Verkaufen. Sie gehört zum Kreis der «Excellent Speakers».

Sie ist Dozentin an der Steinbeis Hochschule Berlin und an der BAW München (Bayerische Akademie für Werbung und Marketing). Sie hat ferner einen Lehrauftrag an der Fachhochschule Deggendorf im MBA-Studiengang Gesundheitswesen (Strategisches Marketing).

Info und Kontakt: www.anneschueller.de

Über die Webseite können Sie auch einen kompakten, kostenlosen monatlichen **E-Mail-Beratungsletter** abonnieren, der Sie über alle Themen rund um das Thema Loyalitätsmarketing aktuell informiert.

Die weiteren Bücher von Anne M. Schüller

Schüller, Anne M.; Fuchs, Gerhard: Total Loyalty Marketing – Mit begeisterten Kunden und loyalen Mitarbeitern zum Unternehmenserfolg, Gabler, 3. Auflage 2006, mit einem Vorwort von Lothar Späth

Schüller, Anne M.: Erfolgreich verhandeln – erfolgreich verkaufen. Wie Sie Menschen und Märkte gewinnen, BusinessVillage 2005

Schüller, Anne M.: Zukunftstrend Empfehlungsmarketing. Der beste Umsatzbeschleuniger aller Zeiten, BusinessVillage 2005

Schüller, Anne M.: Zukunftstrend Kundenloyalität – Endlich erfolgreich durch loyale Kunden, BusinessVillage, 2. erw. Auflage 2005

Schüller, Anne M.: Zukunftstrend Mitarbeiterloyalität – Endlich erfolgreich durch loyale Mitarbeiter, BusinessVillage, 2. erw. Auflage 2006

Schüller, Anne M.; Dumont, Monika: Die erfolgreiche Arztpraxis – Patientenorientierung, Mitarbeiterführung, Marketing, Springer, 2. erw. Auflage 2006

Aktuelles zum Thema Kundenrückgewinnungsmanagement

Aktuelles zum Thema Kundenrückgewinnungsmanagement finden Sie auf der Webseite zu diesem Buch:

www.kundenrueckgewinnung.com

Über Ihre Anregungen, Hinweise, Beiträge, Erfahrungsberichte und Success-Stories freue ich mich sehr.